トイ・プードルの赤ちゃん
元気&幸せに育てる365日

かわいいパピーのお迎えからお世話・しつけまで

髙橋動物病院　髙橋 徹 監修

メイツ出版

contents

※本書は2016年発行の『トイプードルの赤ちゃん　元気＆幸せに育てる365日』の内容の確認と一部必要な修正を行い、書名と装丁を変更して再発行したものです。

4 楽しく一緒に暮らすために、幼少期からのしつけ

5 しつけを覚えてお出かけしましょう

実は活発！？
水猟犬だったプードル

プードルの名前の由来はドイツ語の「プーデルン（水をはね返す）」で、もともとは水猟犬として活躍していました。その後、16世紀頃にフランスの貴婦人の間で、優雅な姿が注目され、愛玩犬として人気を博しました。

白
WHITE

抜け毛が少ないから、お家の中で一緒に暮らすのにも向いているよ。

アプリコット系
APRICOT

遊ぶの大好き！いろいろな場所に連れていってね。

かわいい顔して意外に活発！ドッグスポーツも大好きだよ。

レッド系
RED

ドルってどんな犬？

いいトイ・プードル。その愛らしい姿で今や人気犬の1種となりました。
りません。トイ・プードルにはほかにもたくさんの魅力があるんですよ。

高い学習能力と豊かな感性も魅力！

人間の良き相棒として活躍していたプードルは、利口で、しつけのしやすい犬種と言われています。また、活発でいろいろな人との交流も大好き！ その気質はトイ・プードルにもしっかりと受け継がれています。

シルバー系 SILVER

僕たちはとっても賢いんだよ。飼い主さんの言うことはよく聞くよ。

ブラック BLACK

短くしたり、長くしたり、ヘアアレンジのバリエーションもいっぱい！

ブラウン系 BROWN

ほかのワンちゃんとも、すぐに仲良くなれるよ！

巻頭特集

トイ・プー

クルクルの巻き毛やつぶらな瞳がかわ
しかし、注目すべきは容姿だけではあ

用語集

あ

【アロマテラピー】

花や木など植物に由来する精油を用いて、心身の健康や美容を増進する自然療法。ワンちゃんのストレス解消や虫よけなどさまざまな分野で効果を発揮。


【ウェットフード】

水分が75％以上のドッグフード。食感やにおいがワンちゃんに好まれる反面、一度開封してしまうと保存がきかないため多少高価。


【エクステ】

ヘアーエクステンションの略。糸、アクセサリーなどを被毛につけてヘアアレンジすること。

か

【グルーミング】

ワンちゃんのお手入れ全般を指す用語。主にブラッシング、コーミング、入浴やワンちゃんの各部位の手入れなどの行為を指す。


【血統証明書】

家畜または愛玩用の動物の血縁関係が登録されていることを証明する書類。

さ

【セカンドオピニオン】

患者にとって最善の治療を考えるために、患者と主治医がほかの医師に意見を求めること。

た

【畜犬登録】

生後90日を過ぎた犬を飼育した場合、30日以内に保健所または市区町村役場へ登録（一生に一回）。狂犬病の予防接種（毎年）とともに義務づけられている。


【ドッグショー】

犬の姿・形を審査する品評会のこと。犬種ごとに理想像を定めた「犬種標準（スタンダード）」を基準に、優良な犬を保存していく上で重要な資料となる。


【ドライフード】

水分が10％程度のドッグフード。比較的歯垢がつきにくく、価格もリーズナブル。


【トリートメント】

被毛と皮膚に栄養を与えることで、ツヤやハリを出す。


【トリマー】

ワンちゃんのお手入れを仕事にしている人。ワンちゃんの健康管理のアドバイスなども行う。


【トリミング】

グルーミングの一つ。毛を刈る、抜く、切るなどの作業のこと。日本ではグルーミング全般をトリミングということが多い。


【トリミングサロン】

グルーミング全般を行う動物専門の美容室。

は

【パッド】

足の裏のふくらみのこと。肉球のことを指す。


【被毛】

体を覆う毛のこと。外敵から皮膚を守ったり、水をはじく役割を持つ。被毛の種類は犬種により異なってくる。


【ブラッシング】

ブラシをかけることで被毛の汚れを落とし、毛並みを整えること。皮膚摩擦によって血行をよくし新陳代謝を促進する。


【フリーズドライ】

真空管凍結乾燥という加工方法のこと。このタイプのフードは素材の成分がほとんど破壊されることなく残るため、栄養価が非常に高い。


【ブリーダー】

広くは「繁殖家」を指す言葉。現在では動植物を交配・繁殖させ育てている人、特に特定の種類を保ち改良するよう交配している人を指す。

ま

【マッサージ】

ワンちゃんの心身をほぐすのに最適な手段。愛犬とのスキンシップや健康状態のチェックにも有効。

ら

【ラッピング】

通常は長く伸ばした被毛の保護をする作業。また、リボンを飾るためにセットペーパーなどに包む作業のことを指す。

1 トイ・プードルを迎えよう

かわいい子犬を迎える前に覚えておきたいことや、ワンちゃんに必要な道具や住居環境などを紹介。楽しく暮らすための準備をはじめましょう。

よい子を家族に迎えるコツ

情報収集と必ず子犬に会うことが重要
ワンちゃんの飼育環境などもチェック

トイ・プードルを飼いたいけれど、どこで買えばいいの?
いろいろな情報から家族となる子を見つけるまでの方法を紹介します。

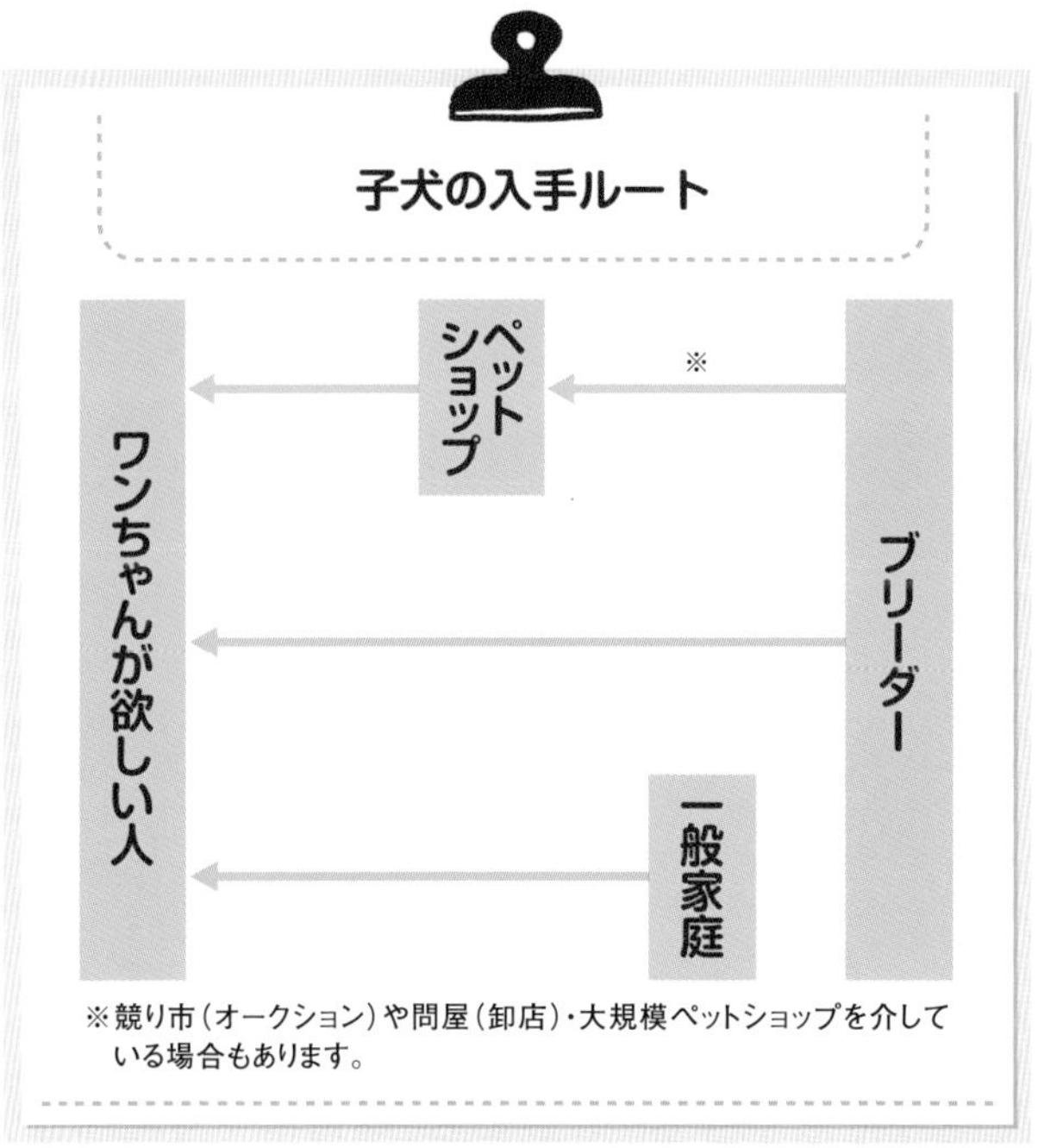

トイ・プードルを欲しいと思ったらまずは情報収集

トイ・プードルに限らず子犬を手に入れるには、ペットショップで買う、ブリーダーから直接購入する、のどちらかが基本で、ほかに一般家庭（知人や親戚）から譲りうけるという方法もあります。ペットショップなどで買うよりブリーダーの方がよい子とめぐり合えるという意見もありますが、ペットショップなどでも、購入前に親犬やいろいろな子犬を見比べることができます。

重要なのは良心的で信頼できる業者から子犬を手に入れること。近所のブリーダーによる口コミなどを利用して、信頼できる業者さんを見つけましょう。また、実際に対面して、説明に納得の上購入しましょう。

入手先ごとの特徴を見極めよう

よいペットショップの条件は、子犬の質や健康状態に見合った価格をつけているかど

入手先のごとのチェックポイント

ペットショップ

特徴

- 気軽に見学ができて、その場でスタッフに質問できる
- 何軒も見比べることができる
- 欲しい時期に買うことができる

Check

- 子犬の社会化教育を行っているか
- 店内の清掃状況や子犬の状態
- 店員の対応が悪くないか
- 「お買い得ですよ」など、安さを強調したりしないか

ブリーダー

特徴

- 直接、子犬と会うことができる
- 親犬に会うことができる
- 仲良くなるとよいワンちゃんを譲ってもらえる可能性も
- 親や兄弟と長く過ごすのでワンちゃんの社会化教育ができている

Check

- 訪問した際、家がにおわないかどうか
- 過剰にワンちゃんの自慢話をしないか

一般家庭

特徴

- 場合によっては無料で譲ってもらえる

Check

- 血統上の問題（遺伝病など）がないか
- 訪問した際、家がにおわないかどうか
- 社会化教育ができているかどうか

うかで判断します。取引件数の多いペットショップには、ブリーダーも質のよい子犬を卸していることが多いのです。ブリーダーと直接やりとりするのが苦手な人は、ペットショップで子犬を選んだ方がよいでしょう。

　ブリーダーから直接子犬を迎えたいという方も多いですが、器量のよい子は一見さんよりも、やはり常連や身内の方に引き取られる可能性が高いといえます。もし、あなたの周りに信頼できるブリーダーから購入したという人がいるならば紹介してもらいましょう。いない場合であっても、時間をかけてブリーダーさんを探しましょう。ワンちゃんをはじめて飼うという人はなるべく直接子犬に会うことのできる入手方法を選ぶのがベストです。

　一般家庭から引き取る場合はいくつか注意するポイントがあります。犬の交配には遺伝病などに関する専門的な知識が必要です。きちんとした知識があればよいのですが、近所に同じ犬種がいたからという理由で交配させている場合もあります。そのような子犬は避けたほうがよいでしょう。ブリーダーを訪ねるときは、お宅にも訪問して飼育環境をチェックすることも大切です。今後、義務化されるマイクロチップの装着については、ブリーダーやペットショップなど入手先に確認し、すでに装着している場合は変更登録が必要です。また、迎えた子犬のマイクロチップ装着がまだの場合は、狂犬病のワクチン接種などの際にかかりつけの動物病院で相談しましょう。

ラインブリーディングとアウトブリーディング

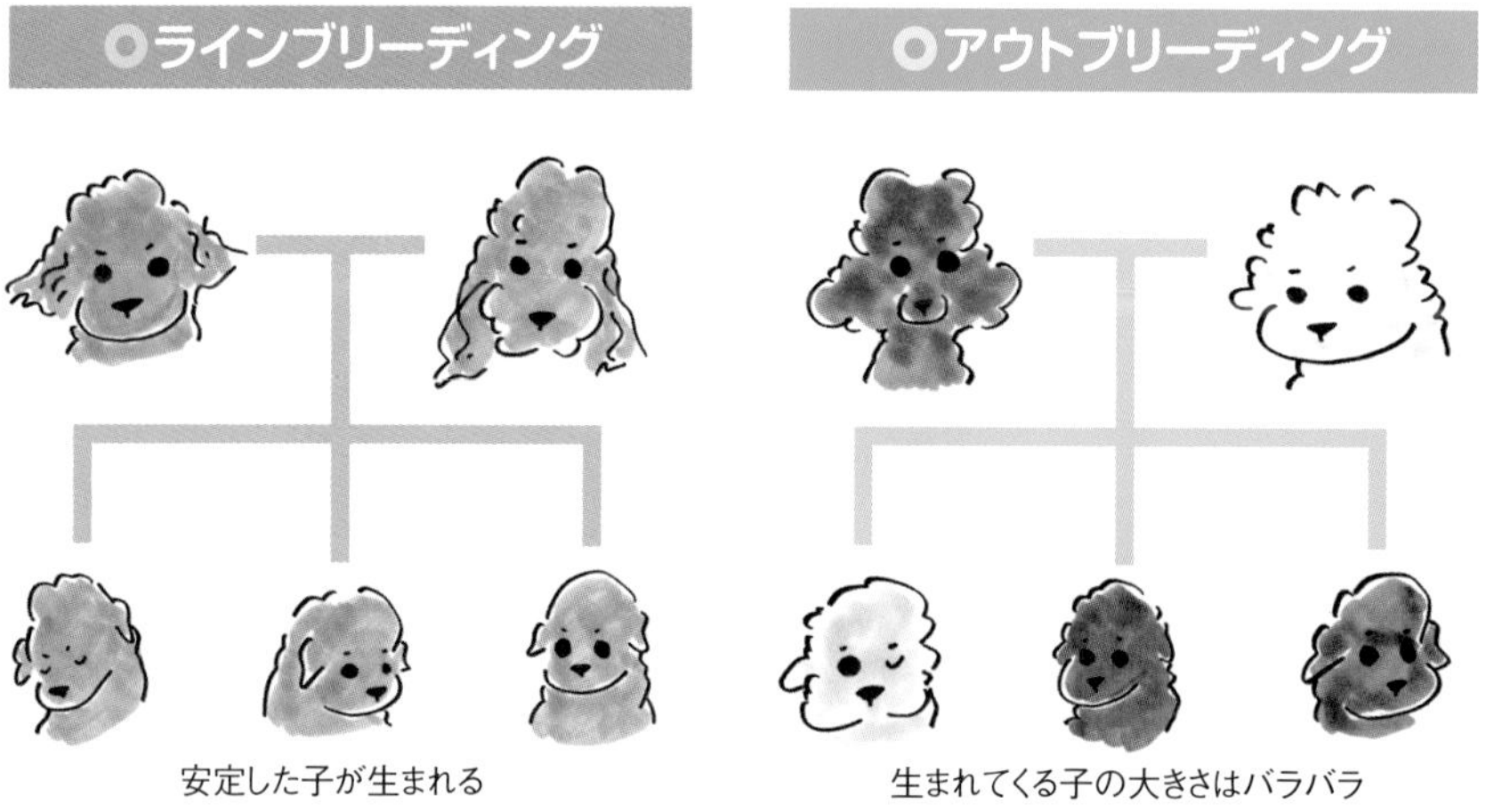

社会化ができている ワンちゃんを選ぼう

血統ラインとはいわゆる血筋のこと。迎える子犬がどんな親犬から産まれてきたのかを知るためのものです。血統ラインには、大きく分けてラインブリーディングとアウトブリーディングの2つがあります。ラインブリーディングは優秀なワンちゃんを残すために多くのブリーダーが用いている方法で、同じ血筋である親戚筋を交配させるものです。アウトブリーディングは血統が離れた同士が交配することで、濃すぎる血を薄くしたり、新しい血を加えたワンちゃんが産まれます。これは予想外の特性を持った子を誕生させるための方法なので、たとえ兄弟であってもサイズや色などにばらつきが出ます。

この本を読んでいる飼い主さんがブリーダーを検討している、あるいは大会に出展させたいなどの希望があるのなら、血統ラインは非常に気になることでしょう。しかし、家族の一員として、仲良く暮らしていきたいという人は血統を過度に意識することはありません。重要なのは、ワンちゃんがどれだけ社会化ができていて、人との暮らしを楽しんでいるかどうか。ブリーダーのお宅へ行く際にも、ワンちゃんに対してそのような環境を整えているのかということを重点に置いて、見学に行くことが大切です。

ブリーダー宅を訪問する時のポイント

① 電話対応はよいか

② 家の中はきちんとしているか

③ 親犬の健康状態はよいか

④ 希望の犬について親切に対応してくれるか

ブリーダーの家を訪問しよう

もしも、ブリーダーからトイ・プードルを購入しようとするならば、やはりトイ・プードルだけを繁殖しているブリーダーがおすすめです。もしくはトイ・プードルのほかに1～2種類の犬種を飼っているブリーダーを訪ねましょう。

ブリーダーのお宅に訪問する際は、ブリーダーと縁のある知り合いに紹介してもらうのが一番。もし周りにそういう人がいない場合は、ドッグショーやインターネットなどでブリーダーの情報を集め、その中で信頼のおけそうな人に連絡をとってみましょう。電話は、お昼や夕方以降は避けましょう。電話では自分の名前を告げ、ブリーダーの都合のよい時間帯を聞き、再度その時間帯に電話をします。そして、かけ直した際にトイ・プードルの子犬を探していることを伝え、対応がよければ犬舎を見学したいことも伝えて日時を決めます。

見学では、飼育している環境のチェックや親犬、子犬に直接会わせてもらいます。知識が豊富であることも大切ですが、会話のやりとりでワンちゃんに対する愛情が感じられるブリーダーなら間違いなしです。条件などを伝え、希望にあう子犬がいるようなら、価格や引き渡しの時期、育て方などについて話し合いましょう。ブリーダーのお宅には長居しないのがマナーです。

健康な子犬の見分け方

信頼できるブリーダーやペットショップを見つけることが重要

同じトイ・プードルでも毛色や顔つきなどルックスや性格はさまざま。元気な子犬を選ぶための健康チェックも忘れずに！

病歴や性格などすべてを考慮した上でワンちゃんを選んで

子犬を選ぶ際に大切なのは健康な子犬であること。まずは目、耳、鼻、口の周り、肛門など身体の穴のすべての状態をチェックしましょう。子犬が健康な様子でないならペットショップやブリーダーの扱いが良くないということ。ただし、中には見た目は良くても、遺伝病を抱えた子もいます。子犬を選ぶときには、管理が行き届いた

子犬を見るときのマナー

勝手にワンちゃんに触らない、抱きあげない。

ワンちゃんの関心を引こうとケージを叩いたりしない。

ブリーダーやペットショップのはしごはなるべく避ける。

病原菌を持ちこまないようにする。

小さい子どもを連れて行く際には事前に確認する。

子犬の健康チェックポイント

被毛
毛並みがよくツヤがあるか。皮膚に湿疹などの異常はないか。変なにおいがしないか。

目
澄んだ瞳でいきいきとしているか。目の周りが目やにや涙で汚れていないか。

体つき
体が引き締まり、抱き上げたときにずっしりとした重みがあるか。

尾
よく動き、元気の良さが感じられるか。

耳
耳の中が汚れていたり、変なにおいがしないか。

肛門
締まりがよく、汚れていないか。

口
歯が白く噛み合わせが悪くないか。口臭はないか。

脚
骨格がしっかりとして歩き方に不自然なところはないか。

鼻
鼻水が出ていないか。適度に湿っているか。
※寝ているとき以外は鼻が湿っているのが正常です。

ペットショップやブリーダーに両親の病歴などがないかどうかなど、気になることはどんどん質問しましょう。

　性格もやんちゃな子からおとなしい子までいろいろいます。ワンちゃんを呼んでみたときの反応でその子の性格がだいたいわかります。走って駆け寄ってくる子は好奇心旺盛でアクティブな子、ソロソロと近づいてくる子はおとなしく、優しい性格の子が多いので、ワンちゃんを初めて飼うという人にはおすすめです。

　また、オスとメスで性格にはっきりとした差はありません。同時に体格もオスの方が大きくなるというわけではありませんので覚えておきましょう。

コツ3

トイ・プードルと暮らすために

ワンちゃんにかかる費用を事前に確認しておきましょう

ワンちゃんを新しい家族として迎える前にはいろいろと準備が必要です。ワンちゃん一匹に毎年かかるお金って一体いくらなのか、考えていますか?

エサ代、トリミング代、医療費…月々の出費はどのくらい?

　ワンちゃんを家族として迎えるということは簡単なことではありません。毎日のフード代やペットシーツ代、医療費など思いのほかお金がかかるものです。ただ「かわいい」というだけで飼ってしまっても、お金が無いとなれば、飼い主さん、それにワンちゃんも困ってしまいます。特にトイ・プードルは健康と、その愛らしさを維持するための定期的なトリミングが必要です。ワンちゃんのためにも今の自分に果たして経済的な余裕があるのかどうかを、今一度考えてみましょう。

　ワンちゃんを迎える前に、サークルやキャリーケース、トイレトレー、食器などを用意しなければなりません。またワンちゃんを迎えたら混合ワクチンや狂犬病の予防接種、「この子はうちのペットです」という証明である畜犬登録の費用も必要になります。また場合によってはワンちゃんのしつけや去勢・不妊手術をしてもらうための費用がかかります。

トイ・プードルにかかる費用

	項　目	費用の目安
初年度にかかる費用	事前に用意する物（サークル、キャリーケース、トイレトレーなど）	30,000円
	混合ワクチン接種	16,000円（8,000円×2）※3回の場合もあります
	健康診断	3,000円
	狂犬病予防注射	3,500円
	畜犬登録	3,000円
	計	**55,500円**
毎年かかる費用	フード代	36,000円（3,000円×12）
	おやつ代	12,000円（1,000円×12）
	ケア用品代（シャンプー、イヤークリーナーなど）	6,000円
	トイレシーツ	24,000円（2,000円×12）
	トリミング代	60,000円～70,000円（6,000円～7,000円×10）
	混合ワクチン接種	8,000円
	狂犬病予防注射	3,500円
	フィラリア症等予防薬	6,000円
	健康診断	3,000円
	計	**158,500円～168,500円**
その他必要に応じてかかる費用	去勢・不妊手術	3万～7万円
	しつけ教室	5000円～
	病気・ケガの治療	症状による
	服代	さまざま
	おもちゃ代	さまざま

※上記はあくまでも平均費用であり、地域や病院、種類によって異なります。

コツ4

血統証明書について

子犬を迎えたら、プロフィールのわかる血統証明書をもらおう

ワンちゃんを無事に迎えたけれど、実はまだ正式な所有者ではありません。血統証明書の読み方や所有者の名義の書き換え方を紹介します。

血統証明書の所有者名義変更をしよう

血統証明書とは同一犬種の親から生まれた純血種であることを証明する書類のこと。人間でいうと「戸籍」のようなもので、本犬の犬種や性別、生年月日、毛色、先祖の血筋、繁殖者名などが記載されています。ドッグショーへの出場時や訓練競技会、アジリティー、交配する際に必要です。子犬を迎える前の血統証明書は所有者の欄にブリーダーの名前が記載されていて、登録上はブリーダー名義になっています。この状態だと、飼い主さんの正式な所有犬にはなりません。発行するクラブ（JKC※）の会員になり、忘れずに名義変更しましょう。

※JKC（ジャパンケネルクラブ）＝純粋犬種の犬籍登録、畜犬の飼育推奨などの活動を行う一般社団法人。国際畜犬連盟（FCI）にも加盟。見本の血統証明書はJKCで発行しているもの。

血統証明書の読み方

（3代祖血統証明書の場合）

（表面）

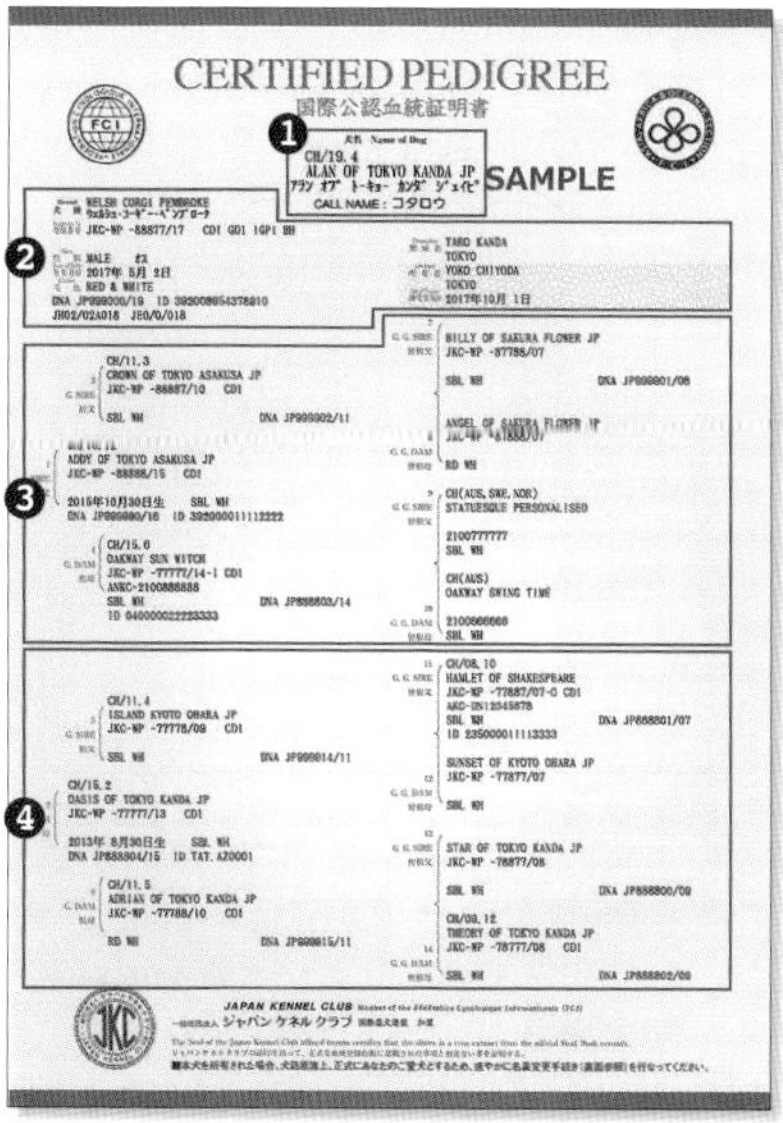

（表面）

❶ブリーダーが登録した名前を記載。名前と犬舎名を組み合わせて名付けられる。犬舎名は繁殖者が所有する繁殖する際の屋号＝姓にあたるもの。

❷犬種名、登録番号、性別、生年月日、毛色、DNA登録番号、ID番号、股関節評価、肘関節評価のスペース。

❸1番は本犬の父犬、3番は父方の祖父、4番は父方の祖母を記載。7〜10番はさらにその曽祖父母へとさかのぼり記載。

❹2番は本犬の母犬、5番は母方の祖父、6番は母方の祖母を記載。11〜14番はさらにその曽祖父母へとさかのぼり記載。

（裏面）

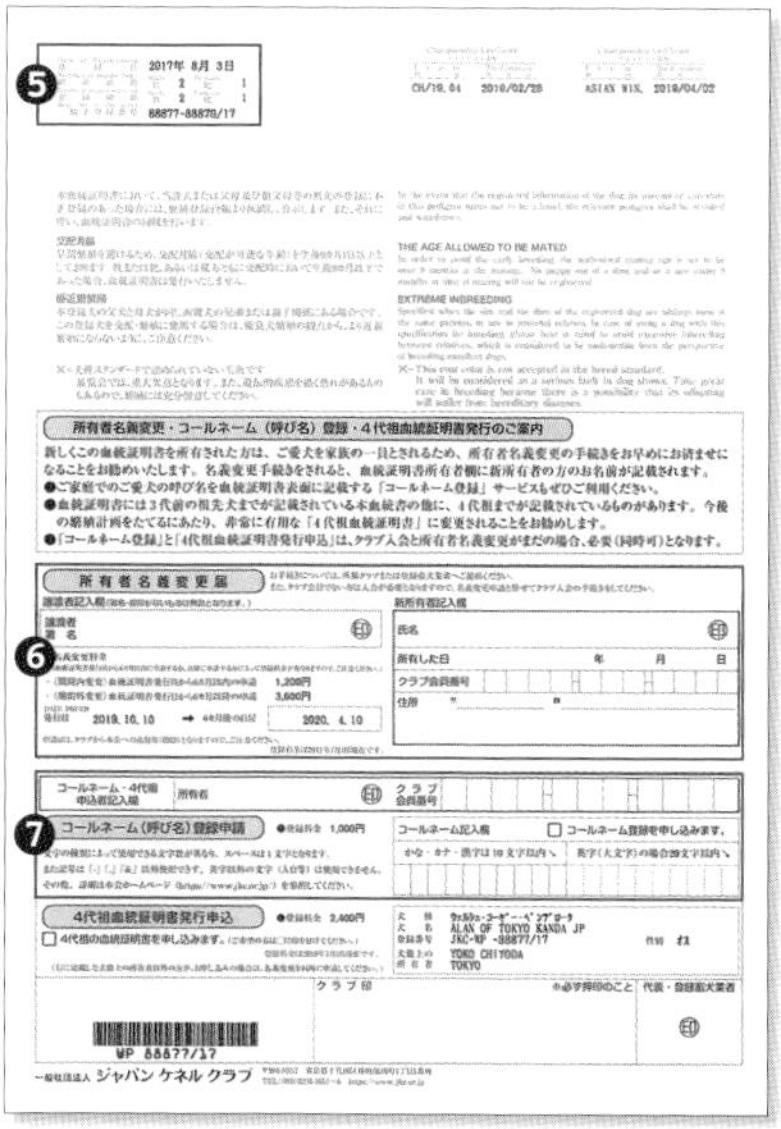

（裏面）

❺登録日、出産頭数、登録頭数、一胎子登録番号。本犬が登録された日や一緒に生まれた兄弟のデータなどを記載。

❻譲渡者署名欄と新所有者記入欄、名義変更料金、血統証明書の発行日を記載。譲渡署名欄の署名・捺印を確認し、新所有者記入欄に記入、印鑑の捺印を。また、名義変更料金は発行日から6カ月以内の申請で1,200円、6カ月過ぎると3,600円と料金が異なるので、要確認。

❼繁殖者が命名する血統証明書の犬名とは別に、コールネーム（呼び名）を血統証明書に記載が可能に。複数の愛犬を所有している場合は、コールネームを登録することで、血統証明書の取り間違いを防ぐこともできる。

コツ5

愛犬の健康を守るために

狂犬病ワクチンと混合ワクチンの2種類は必ず受けさせましょう

人間と同じようにワンちゃんにも怖い病気がたくさんあります。元気に過ごすために大切なワクチン接種と健康診断の知識を紹介します。

定期的な予防接種は欠かさずに

ワンちゃんは犬ジステンパー、犬伝染性肝炎、狂犬病などの死亡率の高い病気や、蚊を媒介にするフィラリア症、ノミやダニなどの寄生虫など危険がいっぱいです。生まれたてのワンちゃんはお母さんからの免疫で守られていますが、生後40〜90日くらい経つとその免疫力が低下してきます。そこで重要なのは、何回かに分けて行う混合ワクチン接種をはじめとした予防接種です。感染症に負けない元気なワンちゃんにするためにも混合ワクチン接種は必ず受けさせましょう。しかし、最初のワクチン接種はブリーダーやペットショップで受けているケースが多いので、いつ予防接種をしたかの証明書をもらって確認し、お医者さんと2回目以降のワクチン接種の予定を決めます。また、国の法律で接種が義務付けられている狂犬病の予防接種は生後3カ月をすぎたら受けましょう。狂犬病は現在、日本で発生して

ワクチン接種で気をつけたいこと

- ワンちゃんの健康状態が良好であるかどうか
- ワクチン接種が2回目の場合は、1回目に接種した場所を避ける
  ※同じ場所に打ち続けると、腫瘤（炎症し腫れている状態）ができる可能性がある。
- ワクチン接種後すぐは、アレルギーが出ないか様子を見る
- 接種後は安静に過ごし、3〜4日はシャンプーやトリミングを行わない
- ワクチン接種が完了するまで、地面を歩く散歩は避ける

ワクチンで予防できる感染症

❶ 狂犬病

人畜共通感染症。狂犬病に感染した動物に噛まれ、だ液により感染し、死に至る。日本での発生はないが、東南アジアや台湾では発生。年に一度のワクチン接種が必要。

❷ 犬ジステンパー

ウイルスに感染した犬のだ液や鼻水、尿などの飛沫や接触により感染。伝染力が強く、重症の場合、ウイルス性脳炎となり突然死や後遺症が残ることも。

❸ 犬伝染性肝炎（犬アデノウイルス1型感染症）

ウイルスに感染した犬のだ液や尿から経口、経鼻感染する。肝臓に炎症が起こり、高熱や鼻水、目やに、嘔吐、下痢などを発症。

❹ 犬伝染性咽頭気管支炎（犬アデノウイルス2型感染症）

ウイルスに感染した犬の飛沫、接触、経口、経鼻などで感染。発熱や咳などを発症。混合感染した場合、肺炎など重症になる場合も。

❺ 犬パラインフルエンザ

子犬がかかる代表的な伝染性呼吸器病。ウイルスに感染した犬のくしゃみや鼻水、咳、だ液から経口、経鼻感染する。犬が集団で生活する場所で多く発生。

❻ 犬パルボウイルス感染症

ウイルスに感染した排せつ物より経口、経鼻感染する急性伝染病。離乳期以降の犬がかかる「腸炎型」と生後3～9週間の子犬がかかる「心筋型」がある。

❼ 犬コロナウイルス感染症

ウイルス感染犬の排せつ物より経口、経鼻感染する腸炎。伝染力が強く、食欲不振、下痢、嘔吐などを発症。犬パルボウイルスとの混合感染も多い。

❽ 犬レプトスピラ感染症

細菌に感染した犬やネズミなどの尿や、尿に汚染された土や土壌との接触、経口によって感染。ほとんどは不顕性型だが、腎炎型と黄疸型の2種は症状が出る。

①は狂犬病ワクチン、②～⑧は混合ワクチン接種で予防できる感染症。②～⑥は基本の混合ワクチン5種、⑦・⑧は追加される感染症ワクチン。

いませんが、人に感染する病気なので必ず1年に1回、接種を受けさせましょう。また、同時に飼い犬であることを証明する畜犬登録（終生1回）を行うことが必要です。登録後は毎年4月に各市町村の保健所から予防接種の案内が自宅へ届きます。ワクチンには大きくわけて狂犬病ワクチンと混合ワクチンの2種類があることをしっかり覚えておきましょう。また、混合ワクチンは組み合わせにより2種混合から11種混合まで複数存在します。地域性によって何種混合のワクチンを接種するべきかは変わってくるので、かかりつけの動物病院の先生とよく相談し、なるべく広範囲に効くワクチンを接種しましょう。また、何種混合を接種したのか、記録しておくことも大切です。

初めての病院にワンちゃんもドキドキ 安全な場所と教えよう

病院によってはワクチン接種のほかに一般的な健康診断や体重チェック、糞便検査、寄生虫のチェック、フィラリアの予防などを健康管理プログラムとして行っていますので、電話の際に確認することも大切です。ワンちゃんははじめての場所に行くととても不安になるので、飼い主さんが「ここが安全な場所だよ」と教えてあげましょう。また、免疫ができるまでは外を歩かせたり、お友達と遊ぶのは控えましょう。

コツ6

トイ・プードルに多い病気とケガ

飼い主の日頃からのチェックと定期的な検診が健康のカギ

トイ・プードルや小型犬がかかりやすい病気やケガともしなってしまったときのケア方法を紹介します。

正しい知識と予防でワンちゃんを健康に

小型犬のトイ・プードルがかかりやすい病気やケガがあります。例えば、垂れた耳は通気が悪いので外耳炎になりやすいといわれています。そのほかにも、小型なので足が弱く、歳をとると発症する症状があります。遺伝が原因のケースも考えられるので、どのような病気にかかりやすいかということを、飼う前に確認しておくとよいでしょう。誰もが「ウチの子が健康でありますように」と願うのは当然のことですが、完璧な身体を持つワンちゃんはなかなか見つからないもの。ですが、両親の病歴を把握し、定期的な診断を行うことは、病気のリスクを少しでも軽減させることにつながります。また、目や皮膚の病気は日ごろのケアで症状を抑えることが可能です。

人間と同じように、ワンちゃんも年齢を重ねると腫瘍（がん）が増殖しやすく、中でも生殖器のがんの発生率が高まるといわれています。3歳を過ぎたら「ガン年齢」と考えましょう。メスを飼う場合は、将来的に出産の予定がなければ、4カ月目以降に避妊手術を受けさせましょう。また、オスの場合も同様に去勢手術を受けさせることをおすすめします。日ごろから肥満予防や適度な運動を心がけることも大切です。

目

流涙症（りゅうるいしょう）

症状・特徴
●多量の涙で目頭の毛の色が変色し茶色になる。特に　トイ・プードルに多く、毛色がホワイトやアプリコットの場合はより目立つ
●症状がひどい場合は、目の周りの変色だけでなく、湿疹や皮膚炎、まぶたが痙攣（けいれん）することも

原　因
●涙腺の炎症、眼球の病気。鼻涙管が狭い、欠損しているなど
●目頭のまつげの生え方や、逆さまつ毛が原因の場合もある

治療・ケア方法
●病気が原因なら治療を。まつ毛が異常な場合もお医者さんに相談する
●いつも目の周りを清潔にし、周りの毛が目にかからないようこまめにカットする

白内障

症状・特徴
●目の水晶体が光を通さなくなる。薄暗いところを嫌がり、動くものを見ても目で追わなくなる
●進行すると家中のあちこちにぶつかるようになり、場合によっては緑内障や水晶体脱臼を併発する
●数カ月から数年かけて進行するが、ほとんどの場合は1年以内に失明する

原　因
●先天性と後天性のものがあり、先天性だと生後2歳までに発病する
●加齢や糖尿病性のもの、外傷などが原因になることが多い

治療・ケア方法
●犬用サングラスをつける
●手術で白濁した水晶体を除去して人工のレンズを入れる

結膜炎

症状・特徴
●白目が赤くなり、こすってまぶたが腫れる　●犬がかかる目の病気でもっとも多い
●かゆがって前脚でかいたり、床やものに顔をこすりつけるので症状が悪化する

原　因
●シャンプーや毛、ウィルス、細菌、薬品、異物が目に入ったとき　●アレルギー

治療・ケア方法
●状況が悪化しないよう、足に包帯を巻くなどしてかかないようにする
●洗眼後に点眼薬をさす　●エリザベスカラーをつける

眼瞼内反症（がんけんないはんしょう）

症状・特徴
●まぶたが内側に巻き込まれて目に刺激を与える
●まつ毛が角膜や結膜をこすって違和感と痛みを発症させる。悪化すると結膜炎や角膜炎を起こす

原　因
●遺伝性と後天性のものがあり、ほとんどは遺伝性だが、後天性の場合はほかのワンちゃんとのけんかの際に負った外傷のほか、細菌や真菌（カビなど）、ウィルスなどで感染することもある

治療・ケア方法
●刺激しているまつ毛を抜いて点眼薬をさす　●先天性の場合は定期的にお医者さんに診てもらう　●目に刺激物が入らないように注意する

歯周病

歯

症状・特徴
●歯垢、歯石がついて炎症を起こし、それが膿んで歯がグラグラする

原　　因
●食べ物のカスが歯にたまって起こる

治療・ケア方法
●子犬のころから歯磨きをして歯の汚れを防ぐ
●全身麻酔をかけて歯肉や歯石を除去する。症状がひどい場合は抗生物質を投与したり、抜歯する

外耳炎

耳

症状・特徴
●かゆがって耳を足でかいたり、床にこすりつけたりする
●耳の中が腫れ、ただれ、炎症などを起こし、耳垢が増えてにおいを放ったりする

原　　因
●ブドウ球菌などの細菌やマラセチアなどの真菌、ダニなどがたまった耳垢で繁殖する。垂れ耳は特に要注意
●シャンプー後の乾燥不足や、アレルギー異常、ホルモン異常などが原因の場合もある

治療・ケア方法
●病院で薬を処方してもらう
●トイ・プードルの耳の中に生えた産毛のような毛を抜き、耳垢を取る

膝蓋骨脱臼（しつがいこつだっきゅう）

脚

症状・特徴
●後ろ脚にあるひざの皿（膝蓋骨）が正常な位置から外れた状態
●元気で走り回っていたと思ったら、突然キャンと鳴いて後ろ脚をあげて痛がる　●ケンケンするように歩く
●抱き上げて脚を触ると、ポキっと音をたてて抜けているような感じがする
●長時間放置すると周囲の組織（靭帯や骨、筋肉など）が変形してしまうことも

原　　因
●生まれつきO脚やX脚の場合は成長するとともに病状が悪化し、次第に膝蓋骨が脱臼してしまう
●走っているときや高い所からジャンプしたとき、急にUターンをしたときになりやすい

治療・ケア方法
●軽度の脱臼の場合は、まずは経過を観察する　●慢性化している場合は手術をして膝蓋骨を正常な位置に戻す　●すべらないように床にマットを敷く、段差を工夫するなど、関節に負担がかからないような環境を整える

レッグ・ペルテス病

症状・特徴
●大腿骨の変形に伴って痛みが広がる
●生後1年以内の成長期のワンちゃんに起こりやすく、遺伝性の可能性も高いと言われている
●6〜8週間かけて徐々に進行する
●悪化すると足を引きずるように歩き、体重が脚にかかると痛がる

原因
●大腿骨の一部が壊死することが原因
●遺伝性、栄養障害、ホルモンの影響、骨や関節の異常など

治療・ケア方法
●X線検査で診断し、症状が軽い場合は、しばらくケージの中で生活をさせ、サプリメントを与えながら様子を見る
●すでに壊死している、激しい痛みが出ている場合は手術を行う

アレルギー性皮膚炎

皮膚

症状・特徴
- 顔や四肢、腹のかゆみや、下痢などがおこる
- 生後半年から1～2歳のワンちゃんに起きやすい
- かきすぎると皮膚がただれる。それでもかき続けると皮膚がガサガサになって厚くなることも

原　　因
- アレルゲン(アレルギー物質)との接触
- ハウスダスト、花粉、ダニ、真菌などが主な原因
- 食べ物が原因のケースは全体の約1割
- 洋服を着せている場合は皮膚が蒸れてしまうことも

治療・ケア方法
- アレルゲンの除去
- 最近はアレルゲンに少しずつ慣らす「減感作療法」も用いられている

てんかん

脳

症状・特徴
- 急に意識を失い、泡を吹いて倒れてけいれん発作を起こす
- 挙動不審になる、口をモグモグさせる、一点を見つめるなどの前兆がある
- 発作後は水や食事量が増える
- 完全治療は難しいといわれている

原　　因
- CT、MRIなどの検査をしても脳内に何の変化も見られない場合は「真性てんかん」といい、原因は不明で遺伝的要因が考えられる。多くは生後6カ月～3歳頃に起きる
- 外傷の後遺症や腫瘍発症などが原因でけいれん症状を起こす「症候性てんかん」もある
- 脳以外の病気でけいれん症状を起こすこともある

治療・ケア方法
- お医者さんに診断してもらい、症状によって抗てんかん薬を処方してもらう

生殖器

停留睾丸（ていりゅうこうがん）

症状・特徴
- 成長するにしたがって下りてくるはずの睾丸が脚の付け根で止まったり、お腹の中におさまったままになる
- 生殖機能が失われる
- 睾丸腫瘍のリスクが高まる

原　因
- 遺伝やホルモン異常など

治療・ケア方法
- 繁殖させる予定がない場合は子犬の時期に去勢する
- 定期的に検査する

子宮蓄膿症（しきゅうちくのうしょう）

症状・特徴
- 6歳以降で出産経験が少ない、またはまったくないワンちゃんに多い
- 最初は水を大量に飲み、尿が多くなる
- 子宮内に膿（うみ）が溜まってくると、腹部が腫れる
- 食欲が落ち、発熱、嘔吐、膿のようなおりものがみられる

原　因
- 外陰部から子宮内部に細菌が感染して起こる

治療・ケア方法
- 命に関わる重大な病気なのでおかしいと思ったらすぐに病院に連れて行く
- 繁殖させる予定がないのであれば、子犬の時期に子宮摘出手術を受ける

心臓

僧帽弁閉鎖不全症（そうぼうべんへいさふぜんしょう）

症状・特徴
- トイ・プードルのような小型犬の心臓病の中で75〜80%を占める病気
- 初期は心臓の雑音が聞こえる程度だが、進行すると軽い咳がでる
- 咳は初期だと運動後や興奮したときにでる程度。やがて間隔が狭くなって激しくなる
- さらに進行するとワンちゃん自身がだるく、つらくなるので外に行きたがらなくなったり、最悪の場合は倒れてしまう

原　因
- 心臓の血液の逆流を防ぐ僧帽弁が加齢と共にもろくなることで血液が逆流し、鬱血が起こる
- 口内炎、歯周病などの細菌感染も間接的な原因とされている
- 過度の肥満による心臓への負担の増加

治療・ケア方法
- X線、心電図、エコー検査などで診断し、今後の治療方針を決める
- 完治は困難だが、症状の緩和のためにも血管膨張剤や利尿薬、強心剤などを使用する
- 早期に発見するためにも、日常の口内の手入れや肥満状態を防ぐよう心がける

気管

◎気管虚脱（きかんきょだつ）

症状・特徴
- 気管がつぶれて咳が出やすくなり、ガーガー、ヒューヒューと呼吸する
- 症状が進行するとよだれを垂らし、さらに進行するとチアノーゼ（皮膚などが青紫色になる）を起こして倒れることも

原因
- 気管の一部の軟骨がつぶれて起こる
- 梅雨時から真夏の暑い時期に発症する頸部（けいぶ）気管虚脱と胸部気管虚脱にわかれる
- ストレスなども原因といわれているが詳細は不明。遺伝性の可能性もある

治療・ケア方法
- X線検査などで程度を検査したら内科的治療を行う
- 吠えたり興奮させると悪化するので環境づくりに気を配る
- 暑い時期になったら涼しいところに移動させる
- 肥満も悪化の一因なので予防に努める

腫瘍（がん）

◎皮膚腫瘍（ひふしゅよう）

症状・特徴
- 腫瘍の種類が多く、8歳～10歳頃から発症が増加する

原因
- ウイルス感染や日光の紫外線など

治療・ケア方法
- 外科的な摘出手術をして腫瘍の種類を検査する

◎リンパ肉腫（リンパにくしゅ）

症状・特徴
- 悪性の腫瘍で6～7歳頃の発症が多い
- リンパ種は発症すると腫れて大きくなり、ほかのリンパ節や内臓、骨髄に転移して最終的には死に至る
- 食欲不振や体重減少のほか、転移した部分にさまざまな症状が出る

原因
- 遺伝的な要素が強いといわれている

治療・ケア方法
- 6～7歳頃になったら検査を行う
- 抗がん剤投与が中心になるので、ケースによっては余命などをお医者さんと相談する

◎乳腺腫瘍（にゅうせんしゅよう）

症状・特徴
- メスの腫瘍の50%を占めるといわれている
- 腫瘍が大きくなると床にこすりつけられるので痛がるようになる

原因
- 女性ホルモンとの関係が強いといわれている

治療・ケア方法
- 初潮前に避妊手術を行うことで90%は予防できるといわれている
- 症状が軽い場合は、早期に摘出手術をして腫瘍の種類を検査する

▼薬の飲ませ方と緊急事態の対処法

飲み薬は子犬期からの歯磨き習慣でスムーズに飲むことができます

トイ・プードルが病気になった場合の薬の飲ませ方や、ケガをした場合の応急手当を覚えて、もしもの時に備えましょう。

種類別・薬の飲ませ方と目薬のさし方

錠剤・カプセル

鼻先を上に向かせてから口を大きく開け、右手で薬をのどの奥に押しこむように入れます。

水薬

スポイトやプラスチックの注射器を使い、鼻先を上に向かせ、唇の隙間から舌の動きに合わせて少しずつ飲ませます。

粉薬

食べ物に混ぜて飲ませる、または濡らした指先につけて上あごになすりつけて与えます。種類によっては、ごく小量の水で練ると与えやすい薬もあります。

目薬

左手であごを固定してからワンちゃんの頭をやや上に向け、右手に持った目薬を目尻から点眼。薬がよくなじむように、点眼後は手でまぶたを2、3回閉じさせます。

上手に薬を飲ませてワンちゃんも安心

病気になったときに飲ませなければならないのが薬。でも、ワンちゃんはなかなか飲んでくれようとしません。実は動物には本能的に体に悪いものは飲まないという習性があります。人間ならば「この薬は苦いけど体にいいのよ」と言い聞かせることができますが、動物は「苦いし、とりあえず飲まないでおこう」と判断してしまいます。嫌がるからといって、飲

症状別トラブル対処法

中毒・誤飲

何を飲んだのかを確認し、なるべく動かさないようにしながら病院へ。たとえワンちゃんが元気でも必ず連れて行きましょう。

出血

ケガで出血したときは傷口を水道水でよく洗い流してから、ガーゼなどで圧迫して止血をします。血が止まったら化膿しないように包帯をし、病院でお医者さんに診てもらいましょう。

熱中症

涼しく換気のよい所に移動させ、水をかけて体を冷やします。ぐったりとしているようなら脇に冷たいペットボトルを当て、意識がしっかりしている場合は薄い食塩水を飲ませてマッサージをしましょう。

やけど

熱湯によるやけどは冷水や氷のうで20分ほど冷やします。薬品による場合は、手にゴム手袋をはめてから、水でよく洗い流し、病院へ連れて行きましょう。

ませずにいると、ワンちゃんは「飲まなくてもいいんだ」と思ってしまうので、それを防ぐためにも、小さいころから口の中に手を入れる練習をし、歯みがきの習慣をつけることで、薬に慣れてもらうようにしていきましょう。

味やにおいが極端に強くない粉薬や水薬、あるいは潰した錠剤などは、ワンちゃんがいつも食べているフードにまぶして与えてみるとよいでしょう。ただし、カプセルや錠剤などは、潰してよいかどうかをお医者さんに相談してからにしてください。また、目薬はワンちゃんがびっくりして暴れ出すことがあるので、上手にできたときはごほうびをあげるなどして、慣れてもらいましょう。日ごろから目薬をさす練習をしておくというのも、慣れさせるための一つの方法です。

突然のトラブルも慌てず冷静に対処

「よそのワンちゃんにかじられて血が出た」、「散歩していたら熱中症になった」など、日常生活ではさまざまなトラブルが起こります。また、好奇心旺盛なワンちゃんだと、異物を飲み込んでしまうなんてことも。もし、トラブルが起こっても、慌てて病院に駆け込むのではなく、適切な処置をしてから病院に向かいましょう。特に出血ややけどは、発症後すぐに適切な処置を行うことでワンちゃんの苦しみを抑えることができます。病院に行くときは、治療をスムーズに行ってもらうためにも、事前に電話をしてお医者さんに説明しておきましょう。

コツ8

かかりつけのお医者さんを見つけておこう

愛犬の性格を踏まえた上でどんな事でも相談できる先生を選ぼう

愛犬の体調がなんだかおかしいような…。もしかして病気?そんなとき心強い味方となる、かかりつけの病院を選ぶ際のポイントを伝授。

どのような病院がいいのか決めるのはあなた

ワンちゃんが来る前に決めておきたいのがかかりつけの病院。最初に受ける予防接種をはじめ、病気や定期的な健康診断などお世話になることはきっと多いはず。プードルは比較的丈夫な犬種ですが、それでも病気やケガは避けられません。また、トイ・プードルは昨今の人気で頻繁な繁殖を行っていることから、遺伝的な病気にも気を配る必要があります。

ワンちゃんの病院を決める際にまず考えたいのは、どのような治療を望むかということ。昔ながらの病院は最新の設備はないけれど、親身になってくれると考える人もいれば、どんなにお金がかかっても最新の医療を受けさせたいと思う人もいるでしょう。はじめてワンちゃんを飼う場合は特に考えるのではないでしょうか。そういうときは、近所でワンちゃんを飼っている人に聞いてみましょう。そして、評判のよい病院には一度通ってみてもよ

病院を選ぶチェックポイント

① 家から近い

どんなによい病院でも距離が離れていると緊急時や通院が大変なので、移動時間なども頭にいれる。

② 近所での評価がよい

インターネットなどを参考にしてもよいが、実際に利用した近所の愛犬家などから直接聞いた方が確実。

③ 緊急時に対応してくれる

夜間や祝祭日に何かあったときに対応してくれるか、指示を出してくれるかを確認する。

④ お医者さんの説明がわかりやすい

診察時の説明がわかりやすく、納得できるか。またワンちゃんに対する方針なども聞いておく。

⑤ 院内は清潔か

院内感染を予防するためにも施設内の清潔感、先生や看護士さんの身だしなみや態度も重要なポイント。

⑥ 会計が分かりやすいか

どの処理にどれくらいの金額がかかったか、明細がきちんとしているか。不明な点についてしっかり説明してくれるかもチェック。

ワンちゃんと動物病院に行こう　ワクチン接種の場合

1 受付

まずは初診カードを記入します。内容は、名前、犬種、年齢、性別、症状など病院によって異なります。ウンチやおしっこ、吐物に異常があって連れて来た場合は、容器やビニール袋に入れて持参しましょう。

2 待合室で待つ

順番が来るまでキャリーバックに入れたまま静かにして待ちましょう。赤ちゃんの場合は抵抗力が弱いので、イスや床に直接触れたり、病院内を歩かせることは控えて。

3 診察室に入る

お医者さんから受診目的、気になる症状、心配なことなどを聞かれたら、ワンちゃんのことを一番わかっている飼い主さんが簡潔にポイントを押さえて答えましょう。

4 詳しい診察を受ける

予防接種の場合は、接種できるかどうかさまざまな診断があります。健康診断の場合は成長具合いなどもチェックします。

5 説明を聞く

混合ワクチンにはいろいろな組み合わせがあるので、どのタイプを接種するのかきちんと説明を聞くこと。また、今後のワクチンプログラムについても確認。

6 注射してもらう

飼い主がワンちゃんをきちんとキープしてから処置してもらいます。ワクチンはアレルギーを引き起こす場合もあるので、様子を見るためにも30分は病院内にいること。

いでしょう。自分とはちょっと合わないなと思ったら、違う病院に行けばよいのです。また、獣医師さんは診療科目がないのですべての病気に対応してくれますが、それぞれ得意な分野があります。自分だけでは手に負えないと思ったら、すぐ別の先生を紹介してくれるようなお医者さんは信頼できるといえるでしょう。逆に、診断結果に不安があるため、ほかの病院（セカンドオピニオン）をお願いしたいときに嫌な顔をするお医者さんは信頼度が低いといえます。

　ワンちゃんのことを一番理解しているのは飼い主であるあなたです。お医者さんと上手にコミュニケーションをとってワンちゃんの健康を守りましょう。

コツ9

普段の状態でわかる健康チェック

一番のチェックポイントは身体の穴 毎日の排便と尿のチェックも大切

愛するワンちゃんの行動がおかしいのは異変のサイン。日ごろから体調チェックをすることで病気を未然に防ぎましょう。

飼い主さんの普段からのチェックが大切

トイ・プードルの平均寿命は15年~20年とされています。愛犬が少しでも長く生きられるようにケアするのは飼い主として当然の役目。ワンちゃんの体の異変は一緒に遊ぶ、ブラッシングなどのお手入れをするといった、日常生活の中で発見されやすいといわれています。食欲がない場合は何らかの症状を発症している可能性も。ワンちゃんは話すことができません。手遅れになる前に、いつもよりも動きが鈍い、耳や目、鼻など各部位への異常や排せつ物の変化など些細なことでもチェックしておきましょう。

また、病院へ行った際にどんな症状がいつから出ていたのかがわかると、お医者さんはとても助かります。ノートにその日の様子や食事の内容・量などを書き留めておきましょう。早期発見・早期治療の第一歩は日々、愛情を持ってワンちゃんに接することからはじまるのです。

ワンちゃんのこんな行動に要注意

食欲がない

いつもと同じ量を出したのに食べ残す。

嘔吐をくり返す

くり返し吐いたり、嘔吐物に血が混ざっている。

歩き方がおかしい

足を引きずったり、歩くのを嫌がる。

体をいつもかいている

足で体をひっかいたり、口で噛んだりする。

床にお尻をこすりつける

肛門に異常があったり、毛に便がついている場合がある。

触わられるのを嫌がる

妙にそわそわしていたり、普段と違う眠り方をしている。

各部位の健康ポイント

鼻

寝起き以外のときにツヤがあるのは健康な証拠。乾いていたり、鼻水、鼻血が出ていたら異常のサインです。

目

健康な目は適度に潤んで輝いています。涙目、充血、目やにやまばたきが多い、目が開かないなど症状が出たときは要注意。

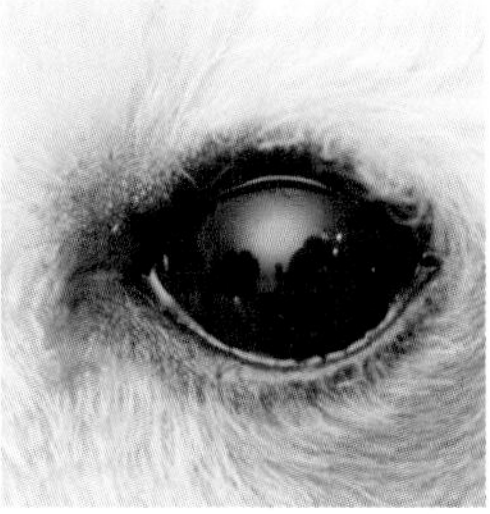

耳

垂れた耳をめくったときににおいがあれば、病気の疑いあり。耳をよく振ったり、かいたりするときも注意しましょう。

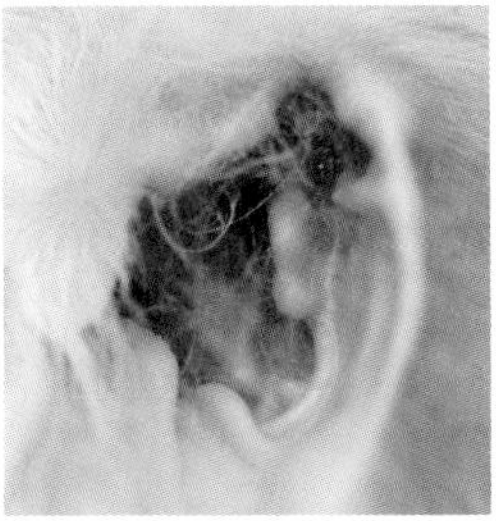

歯・口臭

歯肉や舌が濃いピンク色なら問題なし。歯ぐきが紫がかっている、口臭がある、歯が抜ける、よだれの量が多いなどの場合は危険。

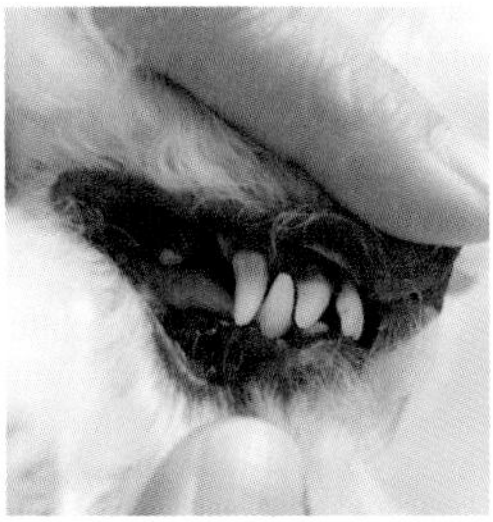

顔つき

遊びたがる、散歩が好き、色々な音への反応が元気、表情が明るくうれしそうであれば大丈夫。

皮膚・被毛

皮膚に湿疹やただれがないか、被毛にツヤがあるかなどチェック。

おしり・便

肛門がしまっていて排便が良好ならOK。肛門がただれていたり、ジクジクしている、便がゆるい、下痢、便秘をしているときは、病院に相談しましょう。

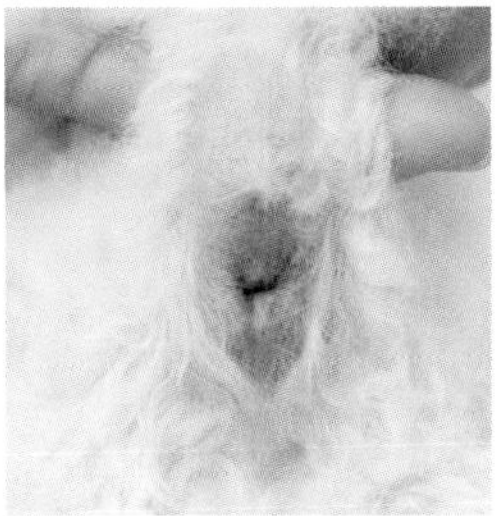

体全体

締まった体が理想。プヨプヨしていたり、変に痩せていないかもチェックして。

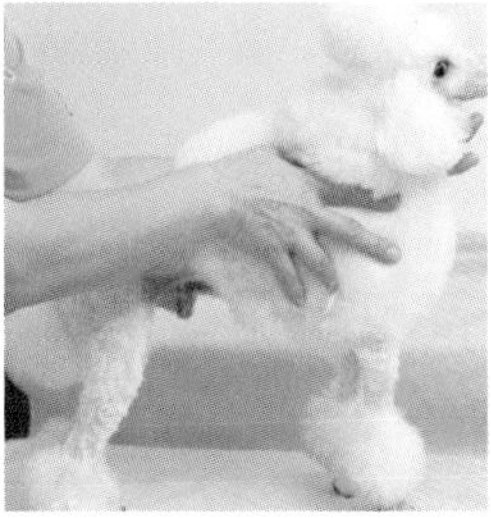

コツ10

子犬を迎える前の準備

必要なグッズなどは書き出してリストに 家具はワンちゃんの目線になって配置を

ワンちゃんと一緒に暮らすときに大切なのが事前の準備。必要なものを買いそろえ、危険なものは隠しておきましょう。

居住空間を整え いつでも迎えられる 準備をしておこう

子犬を引き取ることを決めたら、その日のうちに連れて帰りたくなるもの。しかし、そこは我慢して、まずは家へ迎え入れる準備をしましょう。これを後回しにして引き取ると、飼い主さんもワンちゃんも、後々大変になります。引き取る日までに、サークルやフード、食器、トイレシーツなど必要なものをそろえるのと同時に、家中に子犬にとって危険なものがないかをチェックし、家族の間でルールを決めておきましょう。

必要な道具は、ペットショップやホームセンターのペット用品コーナー、インターネットのショップなどでうちの子にぴったりと思った商品を探します。フードなどはショップの店員さんやブリーダーさんに確認しておくとよいでしょう。

家の中は、道具をそろえるだけでなく、子犬が安心して暮らせる環境を確保することも重要です。限られたスペースにサークルなどの大きな物を置くときも、状況によっては家具の配置換えなどが必要になることも覚えておきましょう。

子犬を迎える前にしておきたいチェックポイント

- 必要な道具をそろえる
- 子犬の名前を考える
- 子犬の生活スペースを確保する
- 室内の危険物や危険個所のチェック
- 犬を飼っている人から話を聞く
- 動物病院やしつけ教室を探す

必要なグッズ

◀ **サークル**

子犬のハウスやしつけに使用。ごはんもこの中で食べさせるので少し大きめで、ジャンプ力のあるトイプードルは高さのあるものがベスト。

▲ **ベッド**

家庭でも洗える素材を購入しましょう。

▼ **トイレトレー**

トイレシートを固定するトレー。トレーニング中は床にトイレシートを敷くので、そろえるのは後でもOK。

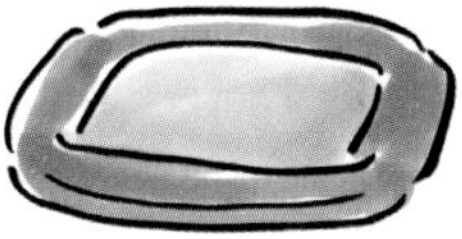

▼ **トイレシート**

大量に使うので安いもので十分。最初は大きめを選びましょう。

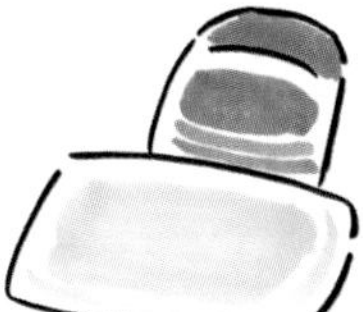

▲ **クレート**

ワンちゃんを車に乗せるとき、災害時に移動させるときなどに使用。

▼ **キャリーバッグ**

電車などでワンちゃんを運ぶときに使います。

▲ **首輪・リード**

首のサイズに合ったものを選びます。首輪は留め具部分がベルトになっていると外れにくいのでおすすめ。

▲ **殺菌剤・消臭剤**

トイレ以外のところで粗相したときやサークルの掃除に使います。

◀ **フード**

子犬用の栄養価の高いフードを用意。普段食べなれていないものを選ぶとお腹を壊すこともあるので、ペットショップやブリーダーが与えていたものと同じものを与えて。

▲ **食器**

ドッグフード用と水飲み用の二つを用意。素材は傷つきにくいステンレスや陶器がおすすめ。

▼ **おやつ**

しつけのごほうびやサークルで留守番をしてもらうときに与えます。

▲ **オモチャ**

しつけや遊ぶ時に使います。小さかったり、糸がほつれやすいと飲み込む可能性があるので、適当なサイズでしっかりしたものを選んで。

▼ **お手入れ用品**

お手入れに必要なスリッカーやコーム、シャンプー、リンスのほか、爪切り、やすり、止血材も用意しておくと安心。

理想的な部屋作りで飼い主さんも安心

子犬はとても好奇心旺盛で怖いもの知らず。その好奇心が事故やけがにつながってしまうことも…。ワンちゃんが口に入れそうなものは置かない、一人にするときはサークルに入れておくなど、飼い主さんがきちんと安全対策を行いましょう。特に飼いはじめのころは、自分のハウスとなるサークルやトイレを認識してもらうためにも、子犬が動ける範囲を限定しましょう。ワンちゃんがサークルを〝安心できる場所〟と覚えることで、成長し、活動範囲が広がっていく中での問題行動が減る可能性があります。子犬のころからしっかり教えることが、しつけの第一歩です。

サークルを置く場所は人の目が届くリビングがおすすめです。出入りの多いドアのそばや直射日光の当たる場所、テレビの真横など、物音がたちやすい場所は避けましょう。特に夏場に注意したいのは、ワンちゃんの熱中症。人にしか反応しないエアコンなどが作動せず、最悪の場合、ワンちゃんが命を落としてしまうケースもあるので、飼い主さんはしっかり確認してください。また、ワンちゃんは、ワクチン接種が終わるまでは外での散歩ができないので、家の中で遊ばせることが多くなります。その際、フローリングの床はすべりやすく、ワンちゃんの足に負担をかけてしまいます。カーペットやコルクマットを敷いておくと、すべり止めとして効果的です。

こんなもの置いてない？落ちてない？

スリッパやぬいぐるみなど

かじっておもちゃにしてしまう可能性があるものは、事前に片づけておきましょう。

ゴミ箱

誤飲事故を引き起こすものが入っているゴミ箱も危険。いたずらできない場所へ移動するか、フタ付きのものにしましょう。

小物類

ペンやクリップなどの文房具、ボタン、ピアスなどのアクセサリー類が落ちていないか、入念に床をチェックしましょう。

部屋作りのポイント

1 窓

直射日光は避け、室内の風通しをよくする。留守番させるときはしっかり施錠し、よじのぼれるような台などは置かないように。

2 サークル

人の目が届き、普段の生活音が聞こえる場所がベスト。直射日光を避け、湿気がこもらない場所を選ぶのも重要。

3 観葉植物

中毒性を引き起こすものも。鉢植えは化学肥料が入った受け皿の水を飲んでしまうと危険。届かない場所へ移動を。

4 電気コード・コンセント

電気コードやコンセントはかじらないよう、できるだけ家具の後ろに隠す。またはカバーなどで保護すること。

5 フローリング

フローリングの場合は、ワンちゃんが通る場所にカーペットやコルクマットを敷いて、ワンちゃんの足を保護しましょう。

子犬目線で危険物がないかチェック

ワンちゃんには、何でも噛んで確かめようとする習性があります。「これはなんだろう?」と、ワンちゃんの好奇心をそそるものは案外家の中に多いもの。ですから、人の目線で「大丈夫」と判断するのは絶対にNG。一度、床にうつ伏せになり、ワンちゃんの目線で周りを見渡してみましょう。感電の危険性のある電源コードや中毒症状を引き起こす可能性がある観葉植物が目に入りませんか?じゃれたり、かじったり、飲み込む危険性があるものは、ワンちゃんの目の届かない場所に移しておきましょう。ワンちゃんが成長しても、常に「危険なものはないか」という確認を日々行うことが大切です。

また、ワンちゃんはちょっと目を離した隙に姿を隠してしまうこともあります。危険な場所への飛び出しや転落など、もしもの場合に備えて、ゲートやフェンスを設置しましょう。ゲートやフェンスはペットショップ以外に、人間の赤ちゃん用品を売っているお店で購入することもできます。

活発でジャンプ力の高いトイ・プードルは高い場所への上り下りも注意したいところ。階段から転がり落ちる、ソファやテーブルから飛び降りて骨折をすることもあります。スロープをつけるなど、事前に対策をしましょう。また、地震の際に家具が倒れたり、ものが落ちてケガをしないよう耐震対策を行っておくことも大切です。

こんなときにも気をつけよう

活発なトイ・プードルは目を離した隙にこんなイタズラをすることも。机の上に食べ物や誤飲しそうなものを置いたままにして、ワンちゃんを一人にしないようにしましょう。

ワンちゃんが、どうしてもベッドやソファーに飛び乗ってしまうときは、ベッドやソファーにスロープをつけるのも一つの方法。脚や股関節の負担を軽減できます。

危険なもの・場所をチェック

コード類

かじると感電する恐れもあるので見えないように隠して。場合によってはいたずら防止剤を塗り、「かじると危ない」ということを学習させます。

殺虫剤

ゴキブリシートや殺虫剤は、絶対に口にしないよう、部屋には置かないようにしましょう。

暖房器具

石油ストーブや電気ストーブはやけどの原因になるので、サークルで囲むなど安全対策を。

階段

転落しないように防護します。また、上り下りは足に負担がかかるので、あらかじめゲートやフェンスなどを設置しましょう。

部屋のドア

閉めるときは足元にワンちゃんがいないか確認。開けておくときは、ストッパーを使用。

窓

出窓などは転落する可能性もあるので、マンションの場合は必ずカギをかけて。

キッチン

熱い汁や油がかかったり、包丁や食器が落ちてケガをする可能性もあるので入り口にゲートを設置し、入らせないようにしましょう。

玄関

開いたドアから出て、行方不明や事故にあうことも。必ずドアは閉めること。どうしてもドアを開けたい場合は、ゲートを設置しましょう。

床

フローリングの場合はカーペットなどを敷きましょう。床は小まめに掃除して、常に清潔に保っておくことも大切です。

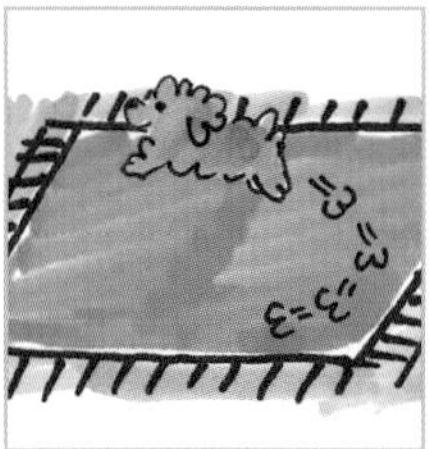

家具

地震の際に大型の家具が倒れないよう、マット式やL型金具、ポール式器具で耐震対策を行っておきましょう。

コツ11

子犬を我が家に連れて行こう

子犬の引き取りは休日を利用 最初の数日はつきっきりでお世話を

いろいろな準備を終えてようやくトイ・プードルが我が家へ。引き取る際のポイントと初日の過ごし方を紹介します。

引き取ってからの数日間が大切

いよいよトイ・プードルと家族との新しい生活がはじまります。最初のうちは行動範囲を制限してトイレやハウスなどを覚えさせることからはじめましょう。

特に引き取ってからの数日間はとても大切なので、常に誰かが面倒を見られるように家族でスケジュールを調整してください。もし、一人暮らしなら、土・日曜日や連休に合わせて引き取りま

購入先に確認すること

最初に重要なのが食事とトイレの関係。今までどのようにしていたかをよく聞いておきましょう。ワクチン接種有無の確認も忘れないように。子犬のにおいがついたタオルなどがあれば譲ってもらいましょう。

- □ **子犬の性格**
  おとなしい、人懐っこい、頑固など、子犬の性格を聞いておくと、しつけなどに役立ちます。
- □ **フードの種類、量、回数、時間、形態など**
  食べさせていたフードの種類、ふやかすなどの与え方、回数、食べるクセなどを事前に確認。
- □ **トイレトレーニングがどこまでできているのか**
  使っていたトイレグッズや最後の排せつ時間なども聞いておくと、トイレトレーニングもスムーズです。
- □ **おしっこやウンチの回数と間隔**
  何時ころに何回、どのタイミングでしているのか、健康な尿や便の状態も確認しましょう。
- □ **ワクチン接種の有無と接種した時期**
  3回必要なワクチン接種のうち、何回済んでいるか。証明書の有無も確認を。
- □ **お気に入りのおもちゃやタオル**
  今まで使っていたおもちゃや子犬のにおいがついたタオルがあると、新しい環境でもワンちゃんが安心できます。

引き取る際の持ち物

帰りは車や電車を利用するので、子犬を入れるキャリーバッグやクレートの持参は必須です。移動に慣れていないワンちゃんは吐いてしまうこともあるので、タオルやビニール袋も忘れずに用意しましょう。

クレートやキャリーバッグ

子犬を運ぶために必要。クレートは車の場合、シートベルトで固定。電車の場合はひざ下に置いておきましょう。

タオル、ビニール袋

慣れない移動で緊張したり、乗り物酔いをして吐いてしまう場合があるので用意。タオルはクレートの中に敷いておきましょう。

水

移動距離が長い場合に必要です。空きペットボトルに水を入れて持っていくこと。水を入れる器も忘れずに。

ノートとペン

普段の生活の様子やエサ、トイレトレーニング、性格など、これからのワンちゃんとの暮らしに必要な情報を書き留めておきましょう。

トイレシーツ、ウェットティッシュ、処理袋

移動中に排せつする場合があるので、持参しておくと安心です。

しょう。また、引き取る時間帯は午前中がおすすめ。もし午後になって、トラブルが起こっても連絡することができます。引き取った後は寄り道せず、まっすぐ家に帰りましょう。

　ワンちゃんは移動やはじめての場所に来たことで、とても神経質になっているので、家に迎え入れた日はできるだけそっとしてあげましょう。ワンちゃんとのコミュニケーションは少しずつ重ねていくことが大切です。

初日の過ごし方

❶家に到着

連れて帰るときは子犬をキャリーバッグに入れます。帰宅後は用意していたサークル内に放して様子を見ます。

❷フードを与える

子犬が落ちついてきたらサークル内でフードをあげます（食べなれたものを事前に聞いておきましょう）。様子を見て、まったく食べないようなら病院に相談を。

❸トイレをさせる

おしっこやウンチをしたらほめてあげます。排せつをしたペットシーツはすぐに取り換えましょう。

❹部屋に出す

排せつした後、子犬が元気なようならサークルの外に出します。子犬から目を放さないようにしながら、歩かせて、少しおもちゃで遊んであげます。疲れたようならサークルに戻しましょう。

❺休ませる

子犬は1日のほとんどを寝て過ごしています。寝ているときはそっとしておいて、起きたらフードを与えたり、トイレトレーニングをします。

❻夜はゆっくりと寝かせる

寝るときはクレートやサークルを布で覆うと安心して眠ります。夜泣きをしてもかまわないこと。無視し続けて、それでも泣きやまない場合は、クレートやハウスを軽くたたいてあげましょう。

こんなとき、こんな気持ち？　ワンちゃんの仕草

夜鳴き

「クゥンクゥン」「キュンキュン」など夜鳴きは、飼い主さんにとって最初の試練かもしれません。親犬やきょうだい犬と暮らしていた場合、寂しがって夜鳴きするワンちゃんも。そこでかまってしまうと、「鳴けば、誰かが来てくれる」と思い、甘えてしまいます。ここはグッと我慢しましょう。

クンクンとにおいをかぐ

いろいろな場所のにおいをかぐのは、ワンちゃんにとっての情報収集です。人は視覚や聴覚を主に使い情報を集めますが、人よりも優れた嗅覚を持つワンちゃんはにおいが頼り。「どんな場所なのかな？」、「飼い主さんはどんな人かな？」と"クンクン"においをかいで最新情報を集めているのです。

男の人におびえる

購入先でお世話していた人が女性だった場合、大きくて、声が低い男性を怖がるワンちゃんも少なくありません。でもこれは最初のうちだけ。子犬のころから、遊んであげたり、お世話をすることで、「この人は大丈夫」とワンちゃんも覚えます。

体を震わせる、あくびをする

シャンプーした後、雨の日のお散歩の後など、身体が濡れてしまったとき以外に身体を震わせる原因は緊張した気持ちを落ちつかせるためにしています。同じようにあくびをする場合も緊張や、相手に対して落ちついてほしいときにするしぐさです。

疲れているようなら触らない

いつも愛くるしい姿のワンちゃん。ついついかまってしまいたくなりますが、触りすぎるとワンちゃんも疲れてストレスを感じてしまいます。しかし、幼年期に人に触られずに育つと、人間に対して強い警戒心を持ってしまうので、子犬が疲れていないときを見計らって、触れあいましょう。時間も30分から1時間と、徐々に延ばしていくようにしましょう。

子犬を触るときは、手を清潔にしておきましょう。特に、外から帰って来たときは必ず手洗いをしてください。子犬はかわいいので、ついギュッとしてしまいたくなりますが、それでは子犬が苦しんでしまいます。場合によっては「抱き上げられること」＝「嫌なこと」と覚えてしまうことも。力加減や触る場所もよく考えましょう。子犬のころは、ひざの上にタオルを敷き、くるむようにして抱き上げるとワンちゃんの不安も和らぎます。

NG 子犬のNGな触り方

前脚だけを持ち上げる

犬の体重が肩にすべてかかって、骨折してしまうことも。

脚を突然離す

人間は大丈夫だと思っていても、ワンちゃんには地面までの距離間がわからないので危険です。

仰向けに抱き上げる

ワンちゃんも嫌がり、無理にすると腰を痛めます。

子犬の上手な抱き方

1

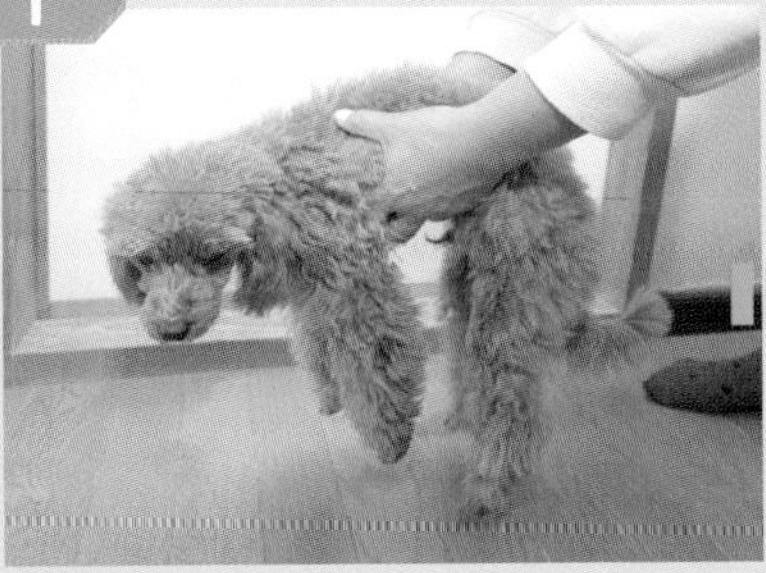

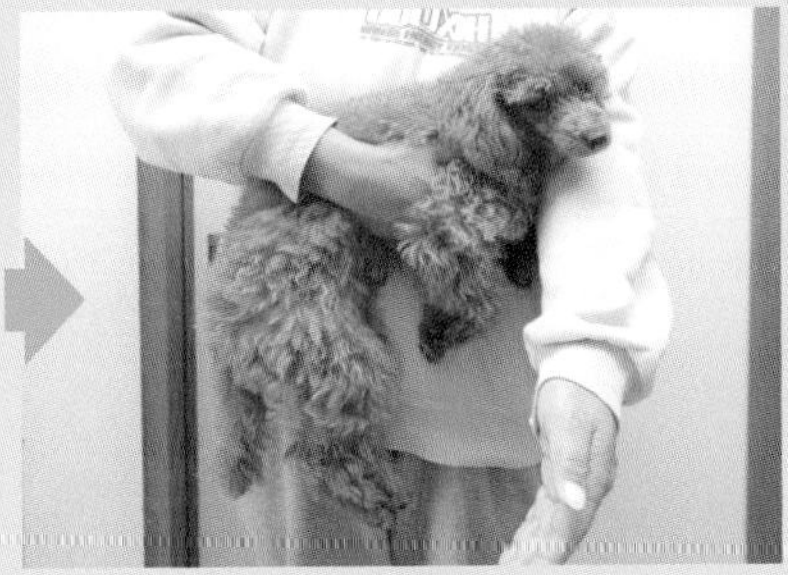

前脚の脇の下から両手で子犬の胸を支えるように持ち上げます。片手の親指と中指を広げて両脇の付け根に入れて、飼い主さんの胸に寄せます。

2

もう片方の手でお尻を支えます。その際、飼い主さんは脇を閉め、しっかりと子犬の両脇の付け根に通した親指と中指を固定しましょう。子犬に飼い主さんの胸の鼓動を聞かせてあげるようにするのもポイントです。

3

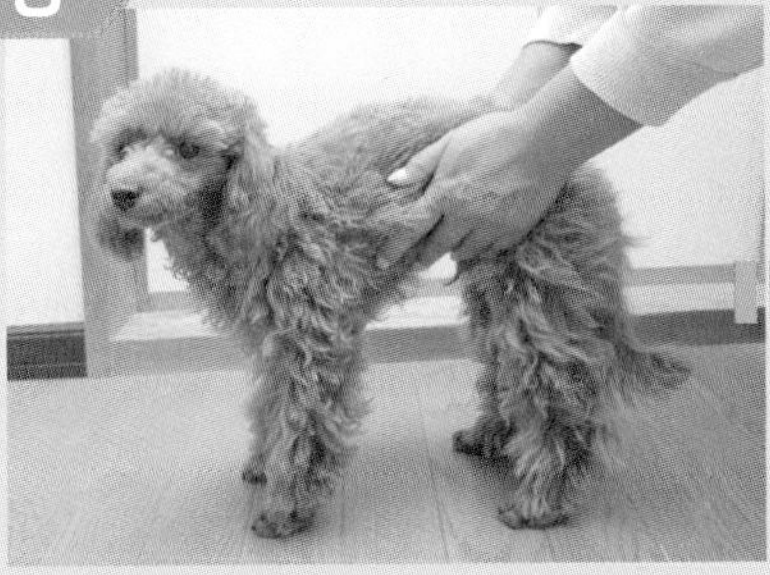

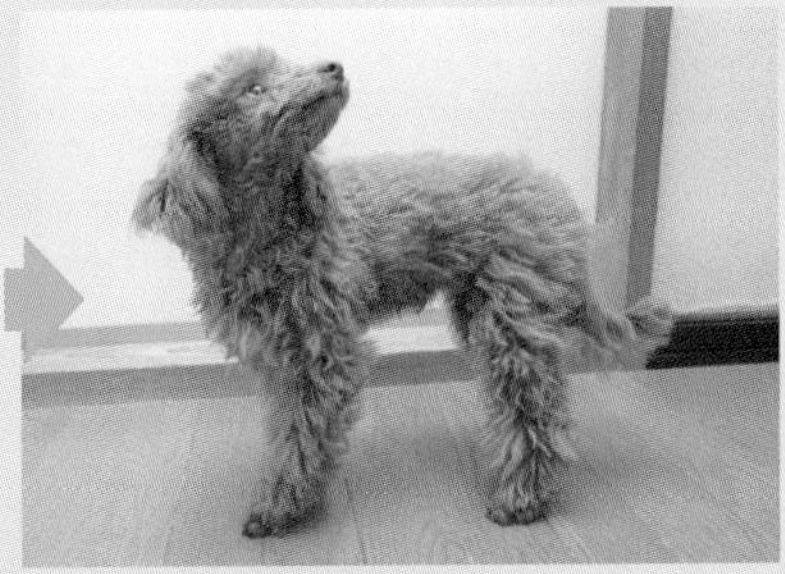

子犬を地面に降ろすときは、4本の脚すべてが地面についていることを確認し、そっと手を離します。乱暴に降ろすと、足の関節を痛めたり、骨折したりするので注意しましょう。

新しい家族を迎えるということ

～ペットライフを楽しむために～

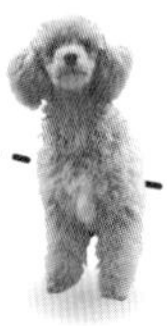

【髙橋動物病院 会長 髙橋 徹】

友人から引越しの住所変更のハガキが来ました、新居に移り「新しい家族が増えました」とあり、「あれ?まさかお子さんが生まれたのかな?」と思うと○○チャン(プードル5カ月)とご夫婦の隣に並んで名前が書いてあり、苦笑したことがあります。最近は年賀状でも良く見かけるようになり、まさに犬も家族の一員であることを感じます。

犬をはじめて飼う人にとってはこれからのペットライフに夢と希望でいっぱいでしょう。しかし、生まれて1歳までが一番大事な時期ということを知っていましたか?私の病院にいらっしゃるクライアントの方の中で家族となって1カ月で「もういやだ」「噛み付く」「あちこちに糞尿をする」「人が来ると吠えまくる」など落ちこんでしまう人が多々います。こうならないためにも、生まれてから14週目(生後3～4カ月)までにいかに社会の環境に慣れ、大らかな性格にするかが大切。これを「社会化」と言い、人の年齢で換算すると4·5歳までの時期に行うしつけのことを指します。子犬は小さな子どもと一緒。あなたも朝は「おはよう」、夜は「おやすみなさい」、食事の時は「いただきまーす」と一つ一つ教わってきたはずです。あせらずに、愛情こめて教えてあげてください。

しつけの中で重要なことは、犬と家族の関係をはっきりさせること。リーダーになるのは必ず人ではないといけません。犬にはリーダーが必要で、常にリーダーの指示を待っているのです。ここを間違えると犬の指示で動く飼い主、犬の機嫌を取る飼い主になり、犬は機嫌が悪いと噛み付き、家族以外の人が家に来ると吠え続け、飼い主が留守するとごみ箱をひっくり返すなど、わがままな性格になってしまいます。こうなると、マンションなどで飼育する場合は近隣の住民からの苦情で、近所付き合いも大変になってしまいます。ですから、子犬の時にしっかりと社会のルールを教えてあげて下さい。この本にはその「コツ」が丁寧に記載されております。ゆっくり何度も読んで実践して下さい。しつけの行き届いた犬との生活は私たちの生活に楽しさと安らぎを与えてくれ、犬のいない生活は考えられなくなります。地震王国の日本では、これからもいつ地震が起こるかわかりません。2011年3月11日に発生した東日本大震災では行方不明を合わせて約13,000頭の犬猫が被災しています。また、2016年4月の熊本地震では、また飼い主のもとに帰ることのできない犬猫が増えました。マイクロチップを入れておけば、保護されたときに必ず飼い主が判明します。私自身は30年以上犬を手放したことはなく、私にとってペットは家族の一員であり、とても大切な存在です。

■髙橋動物病院…1973年に札幌市白石区に開業。以降47年間、札幌市内でも有数の動物病院として多くのクライアントが訪れる。専門の看護師による減量を必要としたペットのための「ペットスリムプログラム」や歯磨き指導を行う「デンタルケアサポート」も実施。また、子犬のしつけ教室とカウンセリングも行っている。

※髙橋先生のプロフィールは巻末に記載しています。

札幌市白石区菊水2条1丁目(一条橋たもと)

TEL:011-811-1925　HP:http://takado-ah.com/

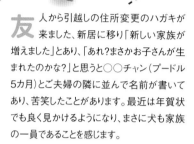

2 トイ・プードルの健康を保つ食事

健康で楽しい暮らしを送るために、幼少期の食事がとても大切。適切なフードの選び方やワンちゃんに必要な栄養素を覚えて、丈夫な身体をつくりましょう。

コツ12

食事のルール

食事は健康な体づくりの基本！ワンちゃん専用のフードを基本に与えましょう

愛らしいワンちゃんの健やかな体を育てるのは飼い主さんの最大の役目。安易に人間用の食べ物を与えてはいけませんよ。

長く一緒に暮らすために食事のルールは子犬の頃からしっかりと

食事のルールはワンちゃんの健康維持のためにとても大切。かわいいからといって、人間の食事を与えることは絶対にいけません。塩分や糖分の摂取過多やワンちゃんに与えてはいけない食べ物をうっかり食べさせてしまうなど、ワンちゃんの体に危険を及ぼす可能性があります。ワンちゃんを飼った際にはテーブルの上や手の届く場所に食べ物を置かないよう徹底しましょう。

ワンちゃんの成長はとても早く、子犬時代であれば尚更。小型犬のトイ・プードルの食事量はほかの大型犬や中型犬と比べてそれほど多くはありませんが、それでも幼少期の食欲はとても旺盛。この時期に飼い主さんが偏食癖や食べ物に対する執着心を植えつけるような間違ったしつけを行ってしまうと、成犬になっても直すことができなくなります。人間の食べ物を与えたり、犬用

食事の与え方

幼少期から食事の与え方がしっかりしていれば、しつけのトレーニングの際に、非常に役立ちます。

◎食事をしている最中にワンちゃんにタッチ

食事をしているときに触るとうなるワンちゃんがいます。これは、人間にごはんをとられてしまうという不安から。このクセをつけないためにも、子犬のころから、ワンちゃんがフードを食べているときは、遠くから静かに見守りましょう。

◎"オアズケ"は禁止！

フードを与える前に"マテ"をかけて、「オアズケ」をさせると、しつけトレーニングの際に支障をきたすため、避けたほうが無難。興奮しているようであれば、落ち着かせて、きちんとオスワリさせてから、「ドウゾ」と言って与えましょう。

ワンちゃんの食事ルール

人間の食べ物を与えるのはNG

吠える、飛びつくなどの行為をしたら、徹底的に無視。一度あげたらクセになります。

食べないのなら片付ける

一度残した食事をそのままにしておくと、いつでも食べられると思ってしまいます。様子を見て、15分くらい経ってもそのままであれば、片付けましょう。あげたらクセになります。

要求吠えは無視

お腹がすくと吠えてしまうワンちゃんがいます。一度、これに応えてしまうと、吠えグセがついてしまいます。吠えるのをやめて、静かにできたらごはんを与えましょう。

食事をしているところを見ない

いくらかわいいからといって、食事をしている姿をじっと見るのはNG。ワンちゃんは飼い主に「オアズケ」させられているように感じてしまい、不安になります。

ワンちゃん専用の食器で決まった場所で与える

サークル飼いの場合は必ずサークルの中で、放し飼いの場合は決まった食事場所をつくりましょう。

食事の回数と時間を決める

子犬のうちは食事の量や与える時間が日ごとに異なると、ワンちゃんの体内時計が狂ってしまい、体調を崩す原因に。食事は「同じ時間に決まった分量」を守りましょう。

のおやつを頻繁にあげるようなことは絶対にしてはいけません。また、避けたいのは食事やおやつを与えるときに「マテ」をさせること。ワンちゃんにとってその「マテ」は「オアズケ」であり、本来の「マテ」の意味とは異なります。基本は「オスワリ」ができれば、すぐに与えてOKです。

コツ13

フードの選び方

人の意見に左右されず事前に入念な下調べをすること

ワンちゃんの身体の基礎をつくるために一番大切なのが食事。さまざまなフードの中から飼い主さん自身が厳選し、愛犬の健康を守りましょう。

いろいろな種類がそろうドッグフード

毎日口にするものだからこそ、フード選びは慎重にしたいところです。ワンちゃんをはじめて迎える飼い主さんでも、ドッグフードはテレビのコマーシャルやお店などで目にすることも少なくないはずです。

〝ドッグフード〟と一口に言っても、年齢別、ワンちゃんの身体の状況に合わせたもの、形状も固形から生タイプのものまで、さまざま

ドッグフードのタイプを覚えておきましょう！

ドライフード（水分含有量10％前後）

フードの中でもっとも一般的なタイプ。酸化しやすいので、開封後は密閉容器で保管し、1カ月以内に食べきれる量を購入しましょう。未開封の場合も高温多湿の場所での保存は禁物。

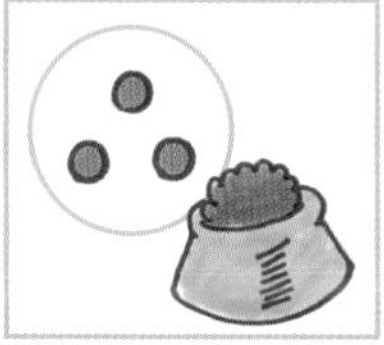

セミモイストフード（水分含有量25～35％）

名前の通り半生タイプの軟らかいフード。カリカリのドライタイプよりも嗜好性が高いです。品質保持が一番短いので小分けのパックのものを購入し、1カ月以内に食べきりましょう。

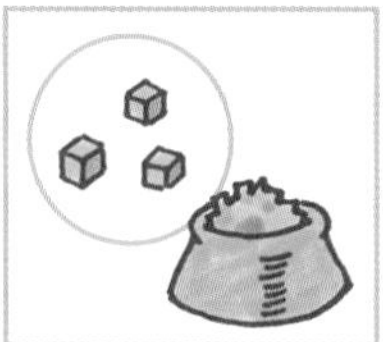

ソフトドライフード（水分含有量25～35％）

ドライフードと同様に、原材料を混ぜ合わせたものを発泡させたもの。水分を保つために、乾燥させずに冷却しているという点がカリカリタイプとは異なります。

ウェットタイプ（水分含有量75％）

缶詰やレトルトがこのタイプ。開封後は早めに食べ切り、保存する場合はガラスや陶器、密閉容器に移し替えて冷蔵庫へ。長時間の放置は食中毒の恐れがあるので、食べ残しはすぐに処分して。

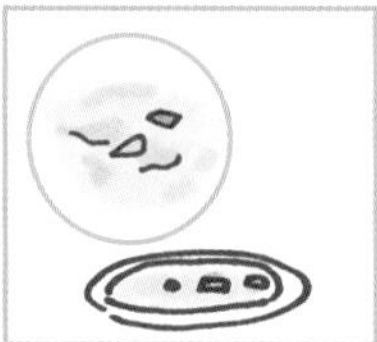

安心・安全なドッグフードを選ぶポイントは？

メーカーのHPをチェックしてみる

まずは、気になったフードを製造しているメーカーのHPをチェックしてみましょう。どういった姿勢でフードを製造・販売しているのかを確認し、少しでも共感できるのであれば、検討してみましょう。ただし、表向きの言葉を並べていることもあるので、冷静に判断して。

価格を見極める

フードは原材料の質や安全性にこだわれば、こだわるほどそれなりの金額がかかってくるのは当然のことです。ただし、注意したいのは価格が高いからよいとは一概にはいえないということ。価格は1kg1,000円以上を目安に選ぶのが無難です。

フードの原材料はよく吟味して

パッケージの原材料は多く含まれているものから表示しているので、原材料の1つめ、もしくは2つめにラムや鶏肉、牛肉などが表示しているものがベスト。「肉副産物」は主に内臓類を指す言葉で、どんな肉を使っているのかがわからない場合もあるので注意。

酸化防止剤表記のものは避けて

ドッグフードへの使用の規制はないですが、人間の食品への使用が禁止されている「エトキシキン」や「BHT（ジブチルヒドロキシトルエン）」「BHA（ブチルヒドロキシアニソール）」の酸化防止剤を表記しているフードは避けるべきです。

な種類があり、「どんなものを選べばいいの？」と悩んでしまう飼い主さんもいるでしょう。まず大切なのは、どんなタイプがあるのかを知るということ。通称〝カリカリ〟と呼ばれる、固形状のものはドライフードと呼ばれる、ドッグフードの中でもっとも一般的なもので、これはさまざまなところで見かけることが多いはず。ほかにセミモイスト、ソフトドライ、ウェットがあり、全部で4タイプにわけられます。違いは含まれている水分の量。軟らかいタイプは嗜好性が強く、ワンちゃんの食いつきもいいのですが、歯石がつきやすいため、基本はドライフードをメインに、体調や状況によってほか3タイプを使いわけるのがベストです。

try!

ペットフードのラベルの読み方

保証分析値と乾物量分析値

保証分析値は製品に含まれるタンパク質や脂肪、繊維の量を保証する値。乾物量分析値はドライフード、ウェットフードとそれぞれの水分量を除いて固形成分の栄養素のみを表す値です。

保証分析値（栄養成分）

粗蛋白質、粗脂肪、粗繊維、粗灰分、水分、カルシウム、リン、リノール酸、DHA、ビタミンA・E・B1・B2・Cなどの栄養成分の含有値の表示

乾物量分析値

炭水化物、蛋白質、脂肪、繊維質、ビタミン、ミネラル類などの含有値の表示

代謝エネルギー

フードに含まれる総エネルギー含有量ではなく、実際に体内で利用可能なエネルギーの測定値。

表記例

カロリー
289kcal／100g

原材料

製造に使用した添加物を含むすべての原材料を表しています。

例

チキン、大麦、オートミール、トウモロコシ、リンゴ、ニンジン、クエン酸、大豆油、ひまわり油、ベータカロテン、ローズマリー抽出物、鉄、銅、亜鉛など

賞味期限

未開封のまま指示された保存状態においての栄養価、風味を保持することが可能な期間。製造元で異なり、賞味期限が過ぎるとすぐに食べられなくなるわけではありません。

年齢に合わせて最適なフードを選ぼう

子犬のころに成犬用や老犬用のフードを長期に渡って与えると、成長期にさまざまな問題が発生します。1歳まではパピー用の表示があるフードを与えてください。また、選ぶときは必ずパッケージをよく読み、主食としてのフードは「総合栄養食」と表示してあるものを選びましょう。「総合栄養食」とは、ワンちゃん（または猫）に毎日必要な食事として給与することを目的とし、新鮮な水とともに与えるだけで、子犬から成犬になるまで、それぞれの成長段階における健康を維持できるよう、理想的な栄養素がバランスよく配合されたフードです。ワンちゃんの食事でもっとも大切なことは良質なタンパク質を摂取し、体内に吸収するということ。特に子犬の時期は、身体を形成するために必要な栄養源を摂取しなくてはいけません。「総合栄養食」には、その必要な栄養素がバランスよく配合されているのです。ただし、安いからといって大量購入するのはNG。1カ月以内に食べきれる量を目安に購入しましょう。ほか、フードにはごほうびなどで与えるおやつといわれる「間食」、特定の栄養の調整またはカロリーの補給、嗜好性の増進を目的としたものなどにあたる「目的食」があります。

子犬を迎えた当初は、ドッグフードを急に変更すると、お腹を壊してしまう可能性があるので、ペットショップやブリーダー先と同じもの

ドッグフードの種類について

総合栄養食

ワンちゃんにとって毎日の主要な食事となるフードのこと。日本ではAAFCO＝米国飼料検査官協会の栄養基準をクリアしたもののみ「総合栄養食」と称することができるようになっています。既定の量の水と「総合栄養食」とされるフードを与えることで、ワンちゃんの健康維持と成長に必要な栄養が過不足なくとることができます。

間食

しつけなどの際に“ごほうび”として与えられるフードのこと。限られた量を与えることを意図したもので、ジャーキーやビスケット、ガムなどのおやつやスナック、トリーツなどがこれにあたります。給与限度量は、原則として1日当たりのエネルギー所要量の20%以内に抑えることが求められています。ジャーキーなどはのどに詰まりやすいので、与える際は人間の小指の第一関節程度の大きさを目安にしましょう。

そのほかの目的食

「総合栄養食」及び「間食」のいずれにも該当しないもの。嗜好性増進の副食として与えられる「一般食（おかずタイプ）」、特定の栄養の調整やカロリー補給などを目的とした「栄養補助食」、特定の疾患・疾病などに対し、食事療法として与えることを意図して作られた「特別療法食」の3つに分類されます。

を食べさせます。そのまま、問題がなければ、同じフードを与え続けましょう。「毛づやがよくない」「食いつきが悪い」「お腹を壊す」など体調に問題が出てきた場合は、新しいフードに変更してください。ただし、突然新しいものに変えると、食欲減退や下痢、嘔吐を引き起こす可能性があるので、数日かけて、今までのフードを混ぜながら徐々に移行していきましょう。また、夏場はワンちゃんの食欲が落ちる時期なので、新しいフードに変える場合は注意が必要です。

コツ14

フードの正しい与え方

どんどんお湯を減らして、ドライフードに慣らしていきましょう

赤ちゃんの離乳食のように、子犬も生後2カ月までは軟らかいフードを与えます。硬いフードへの移行後も、最初は一粒ずつ与えるのがベストです。

try!

子犬用のフードを作ろう！

❶

フードボウルに規定の量のドライフードを入れます。ワンちゃん用の粉ミルクを振りかけてもOKです。

❷

フード全体にかぶるくらいのぬるま湯を注ぎます（熱湯は栄養素を減少させるのでNG）。

❸

10分程度、ぬるま湯につけフードをふやかします。

❹

人肌程度に冷めたら、ワンちゃんに与えましょう。

パピー期の食事は1日に3～4回に分ける

子犬は生後2カ月くらいまで、栄養素の消化吸収をよくするため、ドライフードをお湯でふやかしたものを与えます。生後3カ月までには、フードをふやかさずにそのまま食べられるようにしましょう。しかし、昨日までは軟らかいものを食べていたワンちゃんに突然、固いフードを食べさせるのはNG。少しずつ、お湯の量を減らしていき、半生状態にしていきます。それを、生後2カ月から6カ月までは1日3～4回に分けて与えましょう。成長していくにつれて、エサの量は増やしていきます。成犬になっても、軟らかいフードのままというのは、歯垢がたまり、歯周病などを引き起こすきっかけとなるのでやめましょう。ワンちゃんの食事時間は5～10分で食べ終えるのが理想。残していても、片付けてしまいましょう。また、ペットショップやブリーダーから迎えたばかりの時期は回数や与え方を迎え先と同じようにしてください。

年齢別フード選びのコツ

新生児期（3週齢まで）

生後すぐから20日までは母乳を与えるのが一般的。母犬の育児放棄や何らかの原因で母乳が出ない場合は人工のミルクを与えるように。免疫機能や消化機能を充実させるために大切な期間です。

幼年期（1～3カ月）

生後20～30日ころからは母乳からペースト状の離乳食へ移行。そして生後30～90日ころからは離乳食から徐々に子犬用のぬるま湯でふやかしたフードを与え、完全に離乳させます。

少年期（3～6カ月）

子犬用のフードのふやかす時間を段々と減らし、様子を見ながら硬いフードに慣れさせましょう。この時期は常にワンちゃんの体調や便の様子をチェックすることが大切。

青年期（6カ月～2年）

骨格や内臓、消化機能の発達など、青年期は身体の基礎をつくるための食事がもっとも重要。良質なタンパク質を摂取でき、且つ消化の良いフードを選ぶことが大切です。

成年期（2～8年）

完全に身体が子犬から成犬へと変わります。ワンちゃんが成犬の体重に近づいてきたら、成犬用のフードに移行します。このとき、1週間かけてゆっくりと変えていきましょう。

壮年期（生後8年以降）

壮年期には食事の量が減ったり、散歩に行く時間が短くなったりと1日の生活に変化が。高齢用フードに切り替えが必要です。嗅覚の低下も考慮し、高消化性のものを選んで。

コツ15

必要な栄養素とカロリー

フード選びの基本はタンパク質、脂質、炭水化物がバランスよく接種できるものを

幼少期の食事量が肥満体質をつくり出す要因になることも。健康維持のためにワンちゃんに必要な5大栄養素と1日のカロリー量を把握しましょう。

人間とワンちゃんでは主要エネルギー源の比重が異なります

ワンちゃんに必要な5大栄養素である「タンパク質」「脂質」「炭水化物」「ミネラル」「ビタミン」。必須栄養素は人間と同様ですが、人間と比較すると摂取内容や必要な量の比重が異なります。

元々は肉食動物であったワンちゃんは今から約3万年前に人間と犬が出会ったことで、雑食動物へと変化していきました。いくら雑食とはいえ、植物性の食べ物を消化し、吸収する効率は、人間に比べかなり劣ります。ですから、人間の主要エネルギーが炭水化物なのに対して、肉食傾向の強いワンちゃんは高タンパク質、高脂質の食事が必要なのです。特にタンパク質は人の4倍、カルシウムは人の24倍の摂取が望ましいともいわれています。しかし、塩分はほぼ必要がありません。このことからも、塩分や糖分の多い、人間用の食べ物を与えてはいけないということがわかります。

注意したいのは、ワンちゃんにとっての理想的な食事は犬種、年齢、季節、健康状態、飼育条件などにより異なるということ。必要なカロリー量も体重当たりの体表面積に比例し、トイ・プードルのように小型犬ほど体重当たりの体表面積が広いため、大型犬に比べ栄養価の高い食事が必要なのです。バランスのとれた、健康的なボディを維持しましょう。

ワンちゃんに必要な5大栄養素

タンパク質

筋肉や血液、内臓、被毛をつくるための必須栄養素。特に成長期は多くのタンパク質が必要です。不足すると、発育不良や貧血、脱毛などの症状が見られます。ただし、過剰な摂取は肝臓や腎臓を悪くする可能性も。人間とワンちゃんでは必要なアミノ酸が異なるので、ワンちゃんに必要なアミノ酸がバランスよく組み合わさっているタンパク質を摂取することが大切。また、年齢が上がるにつれ、摂取量も徐々に減っていきます。

脂肪

エネルギー源となる脂肪は脂溶性のビタミンの吸収を助ける性質を持っています。また、食の細いワンちゃんにチーズや魚、肉のフレークをトッピングするのは、旨味とコクを出し、食欲を増進させるため。ワンちゃんは人間よりも多くの脂質をエネルギーとして効率よく利用します。しかし、高カロリーなので、肥満や下痢の原因となることも。反面、不足すると体重の減少や毛づやが悪くなったり、皮膚病が治りにくくなることもあります。

炭水化物

米や麦など穀物類に多く含まれ、繊維質、糖質から構成されており、人間と同様に身体を動かすエネルギー源となります。ドライフードの中には米や麦のほか、トウモロコシ、豆などが配合されており、整腸作用が期待できます。しかし、炭水化物は体内で脂肪に変わるため、摂取のしすぎは肥満を招く原因になります。

ミネラル

食べ物を吸収し、エネルギーに変換するために必要となるのがミネラルとビタミンです。この2つは微量栄養素といわれ、5大栄養素の中でも縁の下の力持ちのような役割を果たします。特にミネラルは人の10倍必要で、筋肉や神経の働きを正常にし、体液のバランスをとります。主要な要素はカルシウムやリン、カリウム、ナトリウム、鉄、亜鉛などです。

ビタミン

ほかの栄養素に働きかけ、身体の機能をスムーズにする潤滑油のような役割を果たします。脂肪に溶ける「脂溶性ビタミン（A、D、E、K）」と水分に溶ける「水溶性ビタミン（B群、C）」の2つにわけられ、目や歯、骨を丈夫にします。健康なワンちゃんの場合、ビタミンCは肝臓でつくられるため、与える必要はありません。しかし、ビタミンA、B1、B2、B6、Dなどは体内で合成できないので、食事の中から取り入れなくてはなりません。

ワンちゃんのボディコンディションスコア（BCS）と体型

BCS1 痩せ

ろっ骨、腰椎、骨盤が外から容易に見える。触っても脂肪がわからず、腰のくびれと腹部のつり上がりがはっきりと目立つ。

BCS2 やや痩せ

ろっ骨に容易に触れる。上から見て腰のくびれが目立ち、腹部のつり上がりがはっきりと認められる。

BCS3 理想的

過剰な脂肪の沈着なしに、ろっ骨が触れる。上から見てろっ骨の後ろに腰のくびれ、横から見て腹部のつり上がりが見られる。

BCS4 やや肥満

脂肪の沈着はやや多いが、ろっ骨は触れる。上から見て腰のくびれは見られるが、顕著ではない。腹部のつり上がりはやや見られる。

BCS5 肥満

厚い脂肪に覆われてろっ骨が容易に触れない。腰椎や尾根部にも脂肪が沈着。腰のくびれはないか、ほとんど見られない。腹部のつり上がりは見られないか、むしろ垂れ下がっている。

出典:『飼い主のためのペットフード・ガイドライン』環境省発行　P17「犬のボディコンディションスコア（BCS）と体型」

try!

愛犬の体型をチェックしよう

❶ 真横から見てみる

胸からウエスト、後ろ脚までが矢印のようにゆるやかに上がり、くびれがあるかどうか確認。

❷ 真上から見てみる

腰のラインが矢印のようにくびれているかどうか。ウエストのみくびれているのが理想的。

❸ 前脚の付け根を触る

両手を入れて、ろっ骨の浮き具合をチェック。うっすらと骨の突起の感触を感じられるとOK。

❹ ウエスト部分を触る

真上から見た腰の部分を両手で触ってみて、実際にくびれているかどうか確認。

❺ 後ろ脚の付け根からお尻を触る

腰の上に両手を持ってきて、腰骨がどのくらい浮き出ているかをチェック。

愛犬の体型チェックで健康的なボディを保とう

飼い主さんを含め、人というのは考え方や好み、性格がその人によってさまざま。好きなものや嫌いなものなど、趣味趣向すべてが同じ人はほとんどと言っていいほどいないものです。ワンちゃんもそれは同じで、いろいろな性格の子がいます。元気に走り回るのが好きな活発な子もいれば、おっとりしている子もいます。それは〝食べること〟も同じ。たくさん食べる子もいれば、もともと少食の子もいます。パッケージに記載している既定の量より少なくても、ワンちゃんが毎日元気に過ごしているようであれば、その子の身体の大きさや体質に合っているということなのです。

大切なのは食べる量や体重よりも、愛犬が健康的な体型であるかどうか。ワンちゃんの体型を知る目安としてボディコンディションスコア（BCS）という5段階の評価方法があります（56ページ参照）。すっきりとくびれたウエスト、脂肪に埋もれず、手の平にうっすらとろっ骨や腰骨の骨の突起が感じられるのが理想的な体型といわれています。クルクルとした被毛のトイ・プードルは、見ただけでは判断が難しいので、まずは目で見て、そしてしっかりと手で触って感触を確かめてみましょう。痩せすぎでも、太り過ぎでもない、健康的な体型を維持すること。これが飼い主さんとワンちゃんが長く一緒に暮らしていくための、最大の秘訣なのです。

コツ16

与えてはいけない食べ物・危険な異物

「食べ物はテーブルの上に放置しない」「日用品は出したらしまう」を徹底！

人間の食べ物や、日常で使用する物の中にはワンちゃんの身体に害を及ぼすものが多数存在します。日ごろから手の届かない場所に整理しておきましょう。

異物を誤飲した場合は早急に病院で処置してもらいましょう

中毒症状を引き起こす食べ物、口に入れると危険な異物をもしも食べてしまったら、すぐにかかりつけの病院へ連れていきましょう。飲み込んだ物によりますが、病院では胃洗浄や催吐剤、吸着剤、緩下剤、解毒剤の投与など治療を行い、対処します。ただし、すべてのものに解毒効果があるわけではありませんので、日ごろから毒性のあるもの、危険なものはワンちゃんの手の届かない場所に置いておき、家の中の掃除は小まめにしておきましょう。病院に行く際には、何を飲んだのか、飲み込んだ時間、量、異物の大きさを飼い主さんがきちんと把握し、事前に電話などでお医者さんに伝えるようにしてください。可能であれば、誤飲した実物があると、より対処がしやすくなります。薬や化学製品の場合は、成分が記載されている箱や容器を持参することを忘れずに。

もっとも大切なことは、飼い主さんがパニックにならず、落ちついて対処すること。冷静な判断こそが愛犬の命を救うのです。

与えてはいけない食べ物

ネギ類（タマネギ、長ネギ、あさつき、らっきょう、ニラなど）

ネギ類に含まれるアリルプロピルジスルフィドが赤血球を破壊し、ねぎ中毒（貧血）を引き起こします。そのほか、嘔吐、下痢、血尿などの症状がでる場合も。生だけでなく、加熱をしても同じ作用があるので、スープや味噌汁、すき焼きの煮汁、ハンバーグなどもNGです。絶対に食べさせないこと。

嗜好性の強い食べ物
（チョコレート、ココア、お茶やコーヒーなど）

チョコやココアなど甘いお菓子や塩分の強い加工食品、カフェインを含む飲み物は心臓に負担をかけたり、糖尿や虫歯、消化器系の病気になる可能性があります。特にココア類にはカフェインやテオブロミンが含まれており、嘔吐や発熱、下痢、痙攣を引き起こします。

消化が悪い食べ物
（イカ、タコ、エビ、カニ、こんにゃく、牛乳）

イカやタコなどの甲殻類は消化しにくく、ビタミンB1を破壊する成分をもっています。人間用の牛乳は下痢を引き起こすため避けた方がいいでしょう。与えたいのなら、犬用のミルクにしてください。

ソラニンを含むもの
（ジャガイモの芽、ナス・トマトのヘタ）

中毒症状を引き起こすソラニンという成分が含まれているものを食べてしまうと、嘔吐やショック状態、急性心不全を引き起こします。特に有機栽培したものに多く含まれているので、気をつけましょう。

香辛料（唐辛子、コショウ）

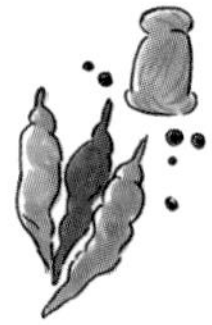

刺激の強い香辛料は、肝臓や腎臓に負担がかかるので避けましょう。また、胃腸を刺激し、下痢になる場合もあります。

鶏、魚の骨

鶏の骨は縦にさけ、消化器に刺さる恐れがあるので絶対に与えないこと。魚も同様に身は骨から取り、食べさせること。

梅干しやアボカドなどの種

大きな種を飲み込んでしまった場合は、そのまま溶けずに腸へ流れて腸閉塞になる可能性があります。

牛のレバー、牛肉

食べ過ぎると、激しい出血性の下痢を引き起こしたり、腸性毒血症になる可能性が。過剰に与えるのは避けること。

キシリトール

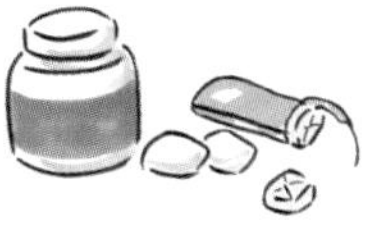

ガムやキャンディーなどに含まれているキシリトールをワンちゃんが摂取すると、大量のインシュリンが体内から放出され、低血糖症や肝障害、痙攣などを起こします。間違って食べてしまわないように注意して。

ブドウ・レーズン

近年のアメリカの報告で、ブドウやレーズンが有害であることが判明。ブドウの皮に含まれる毒素が中毒を起こし、急性腎不全に至ることもあるので、絶対に食べさせないこと。

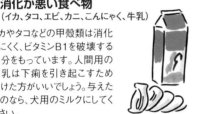

◘飲みこむと危険な異物

◎毒性のある植物

シクラメン、オシロイバナ、スイセン、キョウチクトウなどに含まれるアルカロイドという成分が中枢神経に作用し、中毒症状を引き起こす場合があります。散歩などの際には、口にしないように気をつけてください。

◎エチレングリコールが含まれている製品

化粧品、洗剤、車の不凍液などに入っているエチレングリコールは急性または慢性の中毒症状を引き起こします。

◎電池

乾電池やボタン型の電池を飲み込んだ場合、体内に長時間とどまると、電池内部から強いアルカリ液が漏れ、胃粘膜がただれたり、胃に穴があく可能性があります。

◎人間用の薬

風邪薬や睡眠薬などの錠剤は小さく、間違って落としても気づきにくい可能性があります。薬の成分の中には神経系統に作用し、興奮や呼吸促進、痙攣、貧血、昏睡状態になるものもあるので、飲んだらすぐに片づけること。

◎殺鼠剤、殺虫剤、ノミ取り用の首輪

吐血、血尿、血便などの症状を引き起こし、全身から出血が起こります。殺鼠剤は色や形がドッグフードに似ているため、誤飲の可能性が高いので注意してください。

◎内臓損傷や腸閉塞の可能性があるもの

ピアス、指輪、ストッキング、ボタンなどのアクセサリー、ビニール、針、クギ、針金、糸、ヒモなど。

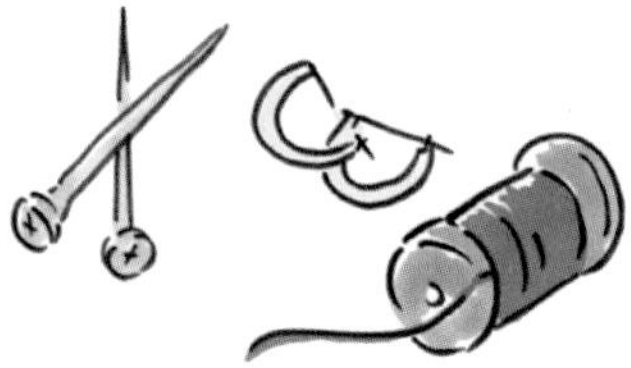

危険な食べ物や異物は置かない、落とさない

異物を誤飲した場合、まだ口の中に入っているときは、ワンちゃんの口を開けさせ、指を入れて取り出しましょう。すでに飲み込んでしまった場合は、すぐにかかりつけの動物病院へ。ただ、ワンちゃんの習性から、口に入れているものを無理に出させようとすると、「取られてしまう」と感じて、急いで飲み込もうとすることもあります。そんなときは、慌てて大声を出したりせず、ワンちゃんにとって口の中に入っているものよりも魅力的なもの（ごほうび用のおやつなど）を見せたり、ばらまくなどして、興味をそちらに向けさせ、口の中のものを出すようにさせるのも一つの方法です。

ワンちゃんを誤飲から守るための4カ条

❶ 簡単に人間用の食べ物を与えない！

人が食べて大丈夫な食べ物でも、ワンちゃんにとっては中毒症状を引き起こしてしまうことがあります。また、人間用に味付けされた食べ物はワンちゃんには塩分が強すぎるのでNG。家族でごはんを食べているときにワンちゃんが寄ってきても、グッと我慢。ワンちゃんにはワンちゃん専用のフードを与えましょう。

❷ 食べ物・異物は落としたらすぐに拾う！

ごはんのおかずや料理をしているときに落としてしまった食材の切れ端などは、落としたままにせず、すぐに拾って捨てましょう。また、食事の後はテーブルの上をきれいにふいておくことも大切。ティッシュや糸くず、お菓子を包装していた包みなど、暮らしの中で出る小さなゴミもそのままにせず、すぐにゴミ箱へ。

❸ 誤飲につながりそうなものは片づける！

特に子犬のころは、飼い主さんが思いもしないようなものに興味を示します。ワンちゃんの行動範囲となる、ありとあらゆる場所を念入りにチェック。床に観葉植物や危険なものを置いていませんか？ テーブルの上や下、カーペットの上、家具の隙間にいろいろなものを置いたまま、落ちたままにしないようにしましょう。

❹ 外も危険！ノーリードで散歩をしない！

危険な異物を誤飲してしまう可能性がある場所は家の中だけとは限りません。お散歩中に道端に落ちているものをなめってしまったり、飲み込んだりする可能性も大いにあります。お散歩のときはノーリードでワンちゃんを自由にするのはNG。ワンちゃんの名前を呼びながら散歩することで、常に飼い主さんに意識が向くようにしましょう。

ワンちゃんの口を開けさせる、口の中に指を入れるというのは、誤飲した場合だけでなく、歯磨きや薬を飲ませるときにも必要なことなので、日ごろから、口とその周辺を触っても嫌がらないようしつけをしておきましょう。一番大切なのは、誤飲するようなものをワンちゃんの目に届くような場所に置かない、落とさないということ。特に食べ物は、ワンちゃんがかわいいからといって安易に与えては絶対にいけません。ワンちゃんにはワンちゃん専用のフードと新鮮な水を与えることが、愛犬の命を守るために一番大切なことだということを飼い主さんはしっかりと覚えておきましょう。

コツ17

手作り食にトライ！

3：4：3の黄金比率を覚えて最初は「おじや」からトライしましょう

最初から「難しそう」「手間がかかりそう」と尻込みせず、まずは挑戦！
愛犬の体型やその日の体調に合わせて作れるのが手作り食の最大の魅力です。

いろいろな食材を使って好き嫌いをなくそう

ワンちゃんが1歳までは「総合栄養食」と表示されたドッグフードを与えることをおすすめします。その後、成年期から壮年期、老年期を迎える中で思わぬ持病を抱え、今まで通りの食事ができなくなることもあります。そのような場合は、手作り食に挑戦してみるというのも一つの方法。手作り食は季節の食材が使用でき、栄養価が高く、しかも経済

基本のご飯を作ってみよう！

1

炊いた白米もしくは麦ご飯にカツオだしや干ししいたけなどのだし汁を合わせます。

2

肉や魚を入れ火にかけます。約4割が肉・魚類になるように量を調整してください。

3

肉・魚に火が通ったら、そのほかの野菜や海藻類を入れます（なるべく細かくして入れてください）。

4

すべてに火が通ったら、仕上げにチーズや味噌、脱脂粉乳などを入れてあげるのもおすすめ（塩分をとりすぎないように、香りづけ程度の量にしておきましょう）。

基本のご飯を作るときの注意点

- 具材はワンちゃんが消化しやすいよう、食べやすい大きさにカット。
- 手作り食のメリットは水分が多く摂取できること。老廃物や毒素の排出を促すためにスープやだし汁はたっぷりとかけましょう。
- いろいろな食材を入れましょう。同じものばかり与えていると偏食のワンちゃんになってしまいます。
- 穀類を食べなれていないと炭水化物を分解できず、消化不良になることも。初めのうちは圧力鍋で柔らかく炊いてあげるとよいでしょう。

wan！ Point

チーズや味噌などは嗜好性と栄養価を高めるためのトッピング。塩分や脂質が高いので毎日ではなく、たまに与えるようにしましょう。

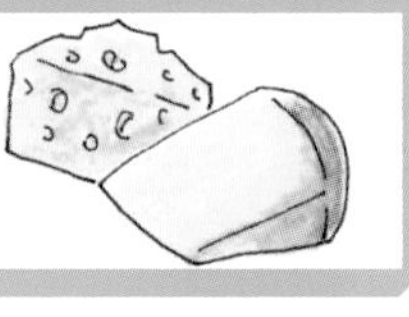

栄養バランス表

食材の色で覚えると、簡単に食材の栄養バランスを考えることができます

黄　おから、カボチャ、ニンジン

カボチャやおからのように黄色の食材は食物繊維を多く含み、腸の動きを活性化させる効果があります。また、ワンちゃんのエネルギー源にもなります。

緑　ホウレンソウ、ブロッコリー、オクラ

ビタミンやミネラル、食物繊維が豊富で疲労回復や気持ちを落ち着かせる作用があります。また、殺菌効果も期待できます。

茶　キノコ、納豆、カツオ節

キノコ類や納豆にはビタミンDが豊富に含まれ、カルシウムやリンの吸収を促してくれます。

白　米、ダイコン、豆腐、うどん

白い色をした食材は「胃腸に優しい食材」。動脈硬化を防ぎ、体調を整えてくれます。

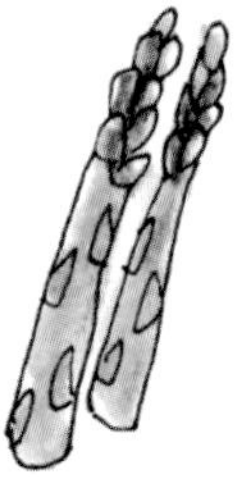

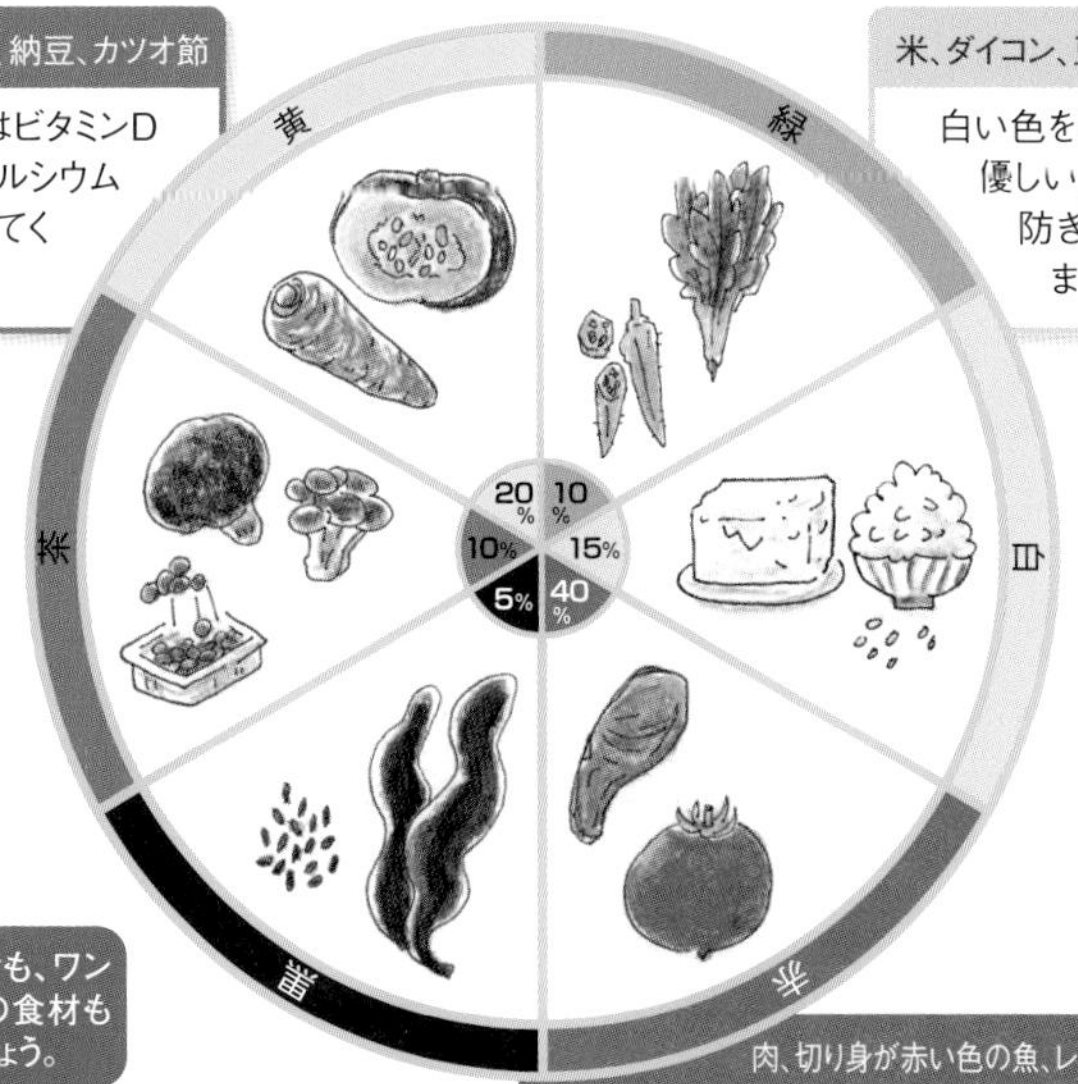

※人間にとってOKでも、ワンちゃんにはタブーの食材もあるので注意しましょう。

赤　肉、切り身が赤い色の魚、レバー、パプリカ、トマト

肉や切り身が赤い色をした魚はタンパク質が豊富。嗜好性が高く、ワンちゃんの食いつきもよい食品です。また、トマトやパプリカなど赤い色の野菜はリコピンを多く含み、ガン予防にも効果があります。

黒　ゴマ、ワカメ、ヒジキ、コンブ

ゴマやワカメなどの海藻類はミネラルが多く含まれています。

的なので、ワンちゃんの体はもちろん、お財布にも優しく、まさに一石二鳥。ただし、飼い主さんが勝手に判断せず、必ずかかりつけのお医者さんによく相談してから実践してください。素人判断で手作り食を与え続けた場合、栄養が偏り、知らないうちに栄養失調になるケースも。基本はドッグフードと新鮮な水を与え、健康なワンちゃんには何か特別な日に作ってあげましょう。

　手作り食で気をつけたいのは食材の比率。理想のバランスは穀類が3、肉・魚などのタンパク質が4、そのほかの野菜などの食材が3です。あとは飼い主さんの愛情をたっぷりと注げばおいしく仕上がりますよ。

コツ18

食欲の低下について

夏バテや離乳期の食欲減退は通常のフードに嗜好性の高いものをプラス

ワンちゃんの食欲がある日突然、落ちてしまうことはよくあること。体調が悪いのか、ただ甘えているのかを見極めることが大切です。

幼少期の食欲低下は珍しいことではありません

子犬のころに突然、食事を食べなくなるというのにはいくつかの理由があげられます。まず1つ目は子犬が新しい環境に戸惑っている場合。これは、数日すると食欲が出てきます。2つ目は甘えが出ている場合。ご飯に見向きもせず、遊んでいる場合は単なる気まぐれのことが多いので、心配はいらないでしょう。ただし、一口も口をつけず且つ体調が悪そうであれば、何らかの病気の可能性があるので、病院に行くのが賢明です。また、食べないときは必ず、便の状態をチェックしておくことも大切です。3つ目は夏バテや母乳からフードへと移行する離乳期である場合。特に母乳期に食欲旺盛だったワンちゃんほど、フードを受けつけないことが多く見られます。あまりにも食べない場合は、飼い主さんが一粒ずつフードを口元に持っていき食べさせてみましょう。時間はかかるものの比較的食べてくれることがあります。

それでもダメという場合は、いつものフードにほんの少し、嗜好性の高いものを加えるなどの方法を試してみましょう。しかし、与え過ぎると、その味に慣れてしまい、通常のフードに戻したときに、また食いつきが悪くなってしまうので注意が必要。あくまでもトッピングとして、少量を与えるようにしましょう。

try!

ワンちゃんの食欲減退にはフード+αで食欲をアップさせましょう!

1 犬用ミルクまたは山羊ミルク
高タンパク質、高脂肪で消化吸収に優れています。

2 生肉(牛肉)
ダイレクトに栄養を摂取できるのが生肉。特に牛肉がおすすめです。

3 ワンちゃん用の離乳食の缶詰
ウェットタイプは嗜好性が高いので、量はほんの少しに。

4 ボイルしたササミ
脂肪分の少ないササミを細かくさき、フードにトッピング。

コツ19

おやつについて

素材をそのまま使ったおやつで良質な栄養をダイレクトに吸収しましょう

筋肉や骨格を作る大切な時期のおやつの与えすぎは、肥満体質や偏食癖がつきます。生後6カ月まではトレーニングのごほうびとして食べさせましょう。

おやつはここぞの時の救世主です

おやつと聞いて、最初に思い浮かべるのが牛や豚、鶏などを使ったジャーキーではないでしょうか。現在ではジャーキー以外に無添加の素材を使ったクッキーやきれいにデコレーションしたスイーツなど数多くの商品が販売され、飼い主さんも選ぶのが楽しくなってしまうことでしょう。しかし、子犬の時期は生後6カ月くらいまで、トレーニング以外のおやつは控えるようにしてください。あくまでもここぞという時に与える「ごほうび」として、食べさせましょう。ただし、夏の暑い時期などはワンちゃんが夏バテなどで脱水症状などを起こしやすいので、その場合は果物などを凍らせて、与えるのが良いでしょう。無理に難しいレシピにトライしなくても、素材をそのまま使うことで栄養価もグッと上がるのでおすすめです。

try!

とっても簡単！ 夏バテ時期にぴったりな冷たいおやつ

材料は1つ、工程は2つ、思い立ったらすぐできちゃう簡単レシピです。

リンゴ

1 リンゴを一口大の薄切りにカット

2 冷凍庫で凍らせる

バナナ

1 バナナを5mm程度の輪切りにカット

2 冷凍庫で凍らせる

犬用のミルク

1 犬用のミルクを製氷皿に注ぐ

2 冷凍庫で凍らせる

こんなときどうする？

食事の悩み Q&A

Q 食事中もすぐほかのことに夢中になってしまいます。

A 近くにワンちゃんが遊ぶおもちゃを置いておかないようにしましょう。15分経っても、遊んだままであれば、すぐに食器をさげてしまって構いません。ワンちゃんに「遊んでいたら、ごはん片付けられちゃった…」と感じさせましょう。

Q きちんと量を計ってエサを与えているのに、必ず残してしまいます。

A 量はあくまでも目安です。体重ごとに量が決まっていても、飼っているワンちゃんの体質や年齢などで食べる量は異なるもの。食べないからといって、過剰に心配しなくても大丈夫です。今までの量を見直し、愛犬が残さずにおいしく食べられる量を見つけてください。

Q いろいろなエサを試しているのですが、なかなか食べてくれません。

A 食いつきが悪いからといって、いろいろなメーカーのドッグフードに次から次へと変えてしまうのはNGです。前のフードから新しいものに切り替えると、ワンちゃんは最初、食いつきが悪くなるもの。食べないからといって、いつもトッピングをかけていると偏食癖がついてしまうので避けましょう。

Q ワンちゃんにサプリメントっていいの？

A ペット先進国のアメリカでは一般的なサプリメント。日本の動物病院でも活用することが多くなってきました。サプリメントは薬ではなく、あくまでも栄養補助食品。即効性を期待するものではありません。トイ・プードルは膝蓋骨脱臼や皮膚病など、関節や皮膚の病気を起こしやすい犬種です。弱い部分を補うためにカルシウムや亜鉛などを、いつものフードにプラスするというのもいいでしょう。

3 日々のお手入れで愛犬をキレイに

特徴のある縮れ毛のトイ・プードルは小まめなお手入れが必要。家庭でできるグルーミングやアロママッサージ、オシャレなカットスタイル集など盛りだくさん。

お手入れの前に知っておこう

身体の仕組みを知ることでより深くトイ・プードルを理解

クリクリとした瞳やカラーバリエーション豊かな毛色。魅力たっぷりキュートなトイ・プードルの生態について詳しく紹介します。

体の大きさはどれくらい？ほかのプードルとの比較

トイ・プードル
［体高］24〜28cm
（理想は25cm）

プードルの仲間には、スタンダード、ミディアム、ミニチュア、そしてトイの4種類がいる。一番小さいのがトイ。
※JKCスタンダードの定義による

ミニチュア・プードル
［体高］28〜38cm

ミディアム・プードル
［体高］38〜45cm

スタンダード・プードル
［体高］45〜60cm
（上下2cmまでは許容）

トイ・プードルの被毛は単色が基本です

クルクルとカールした弾力性のある被毛が特徴で、基本のプードルカットをはじめ、いろいろなカットが楽しめます。また、被毛の色が多彩なのも特徴で、ブラウン、ブルー、アプリコット、ブラック、レッド、シルバー、ホワイト、クリームがスタンダードの犬種として認められています。基本は単色ですが、中には別の色が脚や体の一部に混ざっている場合があります。これを「ミスカラー（パーティーカラー）」と呼びます。母犬と父犬の遺伝的な要因で誕生することが多いのですが、親の毛色が必ずしも関係あるかといえば、そうでない場合もあり、未だ解明されていないことが多いそうです。プードルはミスカラーが誕生しやすい犬種で、実際に白い手袋をはいたような姿や体の一部に別の毛色が混ざることでチャームポイントとなり「かわいい！」と好んで飼う人

トイ・プードルってどんな身体をしているの?

頭部のバランス
ほどよい丸みがあり、後頭部から目、目から鼻鏡までの長さが同寸。

目
両目はほどよくはなれていて、アーモンドのようなパッチリとした形をしています。

耳
目の高さや目よりもやや低い位置につき、頭部に添うような肉厚の垂れ耳。豊富な飾り毛で覆われています。

尾
腰の高い位置につき、行動するときはななめに上げます。生後すぐに1/3程度の長さを断尾します。

鼻
被毛がブラウンの場合のみ、レバー色の鼻がスタンダード。ほかの毛色はブラック。

歯・口
上の歯の裏側が下の歯の表側にわずかにハサミ状に接触するシザーズバイト。マズルはまっすぐで長い。

胸
胸の深さは体高に対して45%の深さがベスト。

脚
四肢はまっすぐ伸びて長く、後ろ足は筋肉が発達しています。

ボディバランス
体長と体高がほぼ同じで正方形のバランスよい体型。背は短く水平です。

被毛
ハリのある豊かな縮れ毛なのでスタイルを維持するためには、定期的なトリミングが必要です。

もいます。注意したいのは、遺伝的な病気や疾病を持っている場合もあるということ。たとえ、子犬が健康体であっても、繁殖させようと考えている場合は慎重に検討してください。また、すべてのクラブが主催する展覧会へ出場することができません。交配は同サイズ、同色内で行いましょう。

コツ21

お手入れに必要なグッズ

グルーミング用品の選び方は専門家に相談 毎日使う物以外は徐々にそろえてOK

ワンちゃんのかわいさや健康維持に不可欠なグルーミング。そのために必要なお手入れグッズを紹介します。

道具選びはトリマーさんやお医者さんの意見も参考に

ワンちゃんのお手入れに欠かせないのがグルーミング用品。特にトイ・プードルは、毎日のブラッシングが大切です。道具は子犬のころから慣れさせることが大事。トイ・プードルは定期的にトリミングサロンに連れて行かなければならない犬種ですが、家庭でのグルーミングでもブラッシングを中心に毛玉を作らないように注意しましょう。日ごろのケアは

シャンプー

多少値段が高くても低刺激で良質なものがおすすめ。

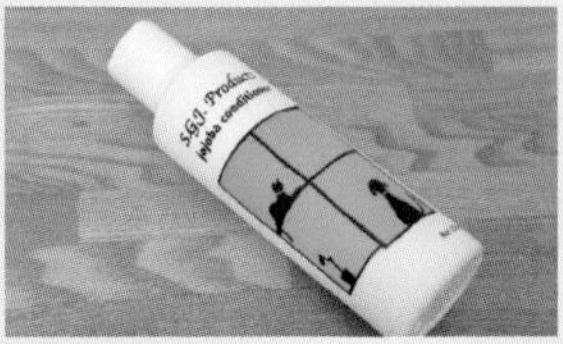

リンス

シャンプーと同じシリーズを用意する。

歯磨きジェル・ペースト

口がゆすげないワンちゃん用に飲みこんでも安全な成分を使用。

イヤーパウダー

耳管の毛を抜くときに使うパウダー。耳の中を乾燥させ、においを抑える働きも。

バリカン

ハサミよりも安全で確実に毛を刈れるが、慣れが必要。

爪切り

ワンちゃん専用の爪切り。

道具を揃えよう

スリッカーブラシ

もつれをほどきながら、汚れや抜け毛を取り除くブラシ。部分によって大小を使い分ける。子犬は小サイズでOK。

コーム

毛のもつれや毛玉をほどいたり、形を整えるときに使う。

ブラッシングウォーター

ブラッシング時の静電気を抑える。におい取りや抜け毛を落としやすくするのにも効果的。

トリートメント

毛づやをよくする。リンスの前に使うこと。

歯ブラシ

犬用の柄の長い歯ブラシが使いやすいが、人間の幼児用歯ブラシなどでもよい。

歯磨き用サック

歯ブラシ代わりに使うアイテム。指にはめて突起部分で歯をこする。

イヤークリーナー

耳の裏や耳管の汚れをふき取る専用クリーナー。低刺激のものを選ぶこと。

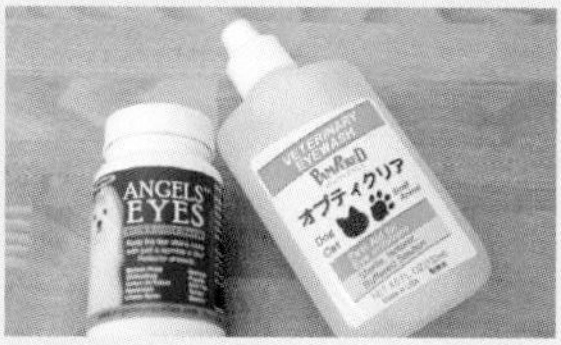

涙やけ用ローション・サプリ

目の下の毛が涙によって変色するのを防ぐ専用ローションとサプリメント。

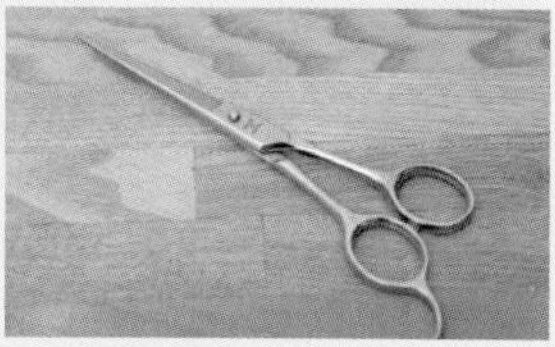

ハサミ

ハサミはちょっとした手入れをするときに使用。本格的なカットの場合はすきバサミも用意。

ヤスリ

切った爪の切断面を整えるのに使用。

止血剤

血管や神経が通った爪を切りすぎてしまったときに使う。

ワンちゃんとのコミュニケーション手段でもあるので積極的に行いましょう。道具の選び方は、トリマーさんやお医者さんなど専門家に相談してみるとよいでしょう。

③
日々のお手入れで愛犬をキレイに

コツ22

グルーミング〈日常のお手入れ〉

お手入れに慣れてもらうのは子犬の時期が大切。信頼関係を築くためにもとても大事

グルーミングの第一歩は母犬が子犬の体のあらゆる部位をなめることから。正しいグルーミング法でワンちゃんの魅力をアップ！

毎日のグルーミングで「かわいさ」と「健康」を守ろう

トイ・プードルは抜け毛が少なく、室内でも飼いやすい犬種と言われています。しかし、トイ・プードル特有のクルクルと巻いた縮れ毛は、毎日のブラッシングと定期的なトリミングが不可欠です。大切な愛犬のお手入れを飼い主さんができるように、小さいころから〝人に触れられる〟ことに慣れさせましょう。特に足先、目、耳、肛門の周辺、しっぽは日常的に触ったり、なでておきましょう。

ワンちゃんのお手入れは見た目だけでなく、病気の早期発見や飼い主とのコミュニケーションの手段として非常に大切。毎日ワンちゃんの体に触れていると、皮膚の異常や、触れられて痛い部分を知ることができます。また、垂れ耳のワンちゃんに多い外耳炎など、耳の病気も定期的な耳掃除を行うことで早期発見につながります。健康な体を保つためにも、グルーミングはとても大切です。

wan!
Point

最初から一気に行うとワンちゃんは怖がります。焦らずに毎日少しずつ慣れさせていきましょう。一人で難しいときは、無理をせず家族などに協力してもらいましょう。

手入れのスケジュール

ブラッシング

縮れ毛なので理想は毎日。小さな毛玉でも見つけたらその都度に行いましょう。無理であれば、少なくとも3日に1回は行いましょう。

シャンプー

人間のように毎日行うのはNG。必要な皮脂がとれてしまうので2週間に1度が目安です。外に遊びにいって体が汚れたときは部分洗いをしましょう。

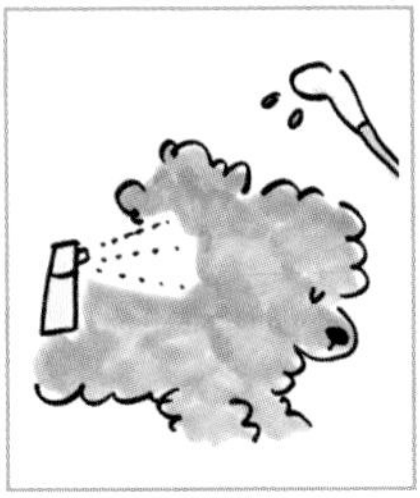

耳掃除

シャンプーの前後に行います。垂れ耳のトイ・プードルは耳が蒸れやすいので、外耳炎の引き金となる耳の中の汚れが目立つ場合はお手入れを。

歯磨き

毎日もしくは、少なくとも2日に1度はブラッシングを。柔らかいフードを与えている場合は、特に念入りに行いましょう。

パッドのケアと爪切り

爪や足の裏の毛が伸びると、歩きにくくなり、汚れがつきやすくなります。定期的に確認して処理しましょう。

目の周り

目やにや涙やけは放っておくと、被毛が変色してしまいます。目頭の湿っている子は特に毎日のケアが必要です。

肛門の周り

肛門腺の分泌液は放置すると化膿したり、炎症を起こします。シャンプーのときに確認して溜まっているようなら絞ってあげましょう。

トリミング

縮れ毛のトイ・プードルは幼少期からのトリミングで被毛の質が決まります。家庭でのブラッシングが十分でも最低でも2カ月に1回はトリミングサロンへ。

体を自由に触らせてもらえるように訓練

お手入れの中にはブラッシングや歯磨きのように毎日行わなければいけないものと、シャンプーや耳掃除のように2週間に1度でいいものがあります。飼い主以外の人にでも体のどの部分を触っても、嫌がらずにおとなしくしていられるのが理想。お手入れを嫌がって暴れるときは、触るまねごとからはじめて、少しずつ慣らしていきましょう。それでも嫌がるようであれば、犬用チーズを塗ったコングをなめさせている間に行うのも1つの方法。回数に差はありますが、いずれもワンちゃんにとって、とても大切なお手入れです。

コツ23

ブラッシング

毛玉のできやすい部分は常にチェック！フワフワの被毛は毎日のブラッシングから

クルクルの被毛が魅力のトイ・プードル。いつまでもかわいい姿を維持するため、ブラッシングを覚えて、毎日欠かさずに行いましょう。

嫌がらないところから行うのがポイント

ブラッシングはトイ・プードルに欠かせないお手入れの一つ。本来トイ・プードルは、抜け毛が少ない犬種です。しかし、被毛が細いため、毛玉ができやすいという部分も持ち合わせています。小さな毛玉を放っておくと、さらに毛が絡まり、フェルト状になることも。また、毛玉ができたままシャンプーすると、よけいもつれが悪化します。こうなると、ほぐすのがとても大変です。ワンちゃんも痛がり、炎症を起こしてしまうことも。毛玉ができたときはスリッカーで少しずつほぐし、次にコームの粗い方でほぐす作業をくり返しましょう。

とかしていく順番は特にありませんが、顔やしっぽなど嫌がるところを最初にとかすことは避けましょう。もし、暴れるようであれば、ワンちゃんをひざの上にのせ、声をかけるなど、安心させながら少しずつとかしましょう。

毛玉になりやすい部分ってどこ??

- 耳の下
- 脇の下
- 足
- お尻
- 内股
- お腹
- しっぽ

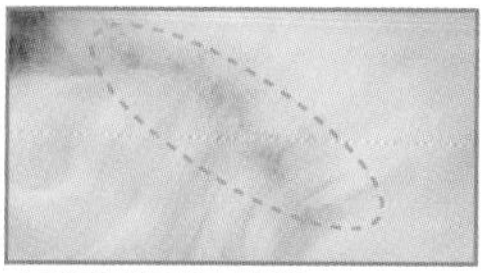

▲毛玉ができた状態

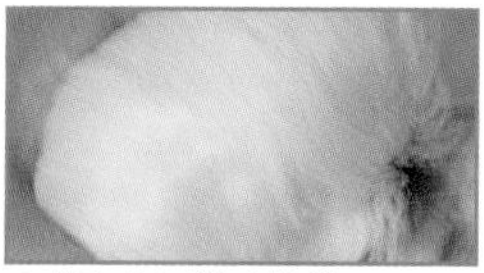

▲ブラッシングした状態

wan! Point

シャンプーの前に毛玉がないかチェック！

毛玉ができた状態でシャンプーをすると、濡れた毛が固くなって取りにくくなります。特にシャンプー前は念入りに毛玉のチェックをしましょう。

準備するもの

スリッカーブラシ

ブラッシングスプレー

コーム

◎スリッカーブラシの持ち方

○ 親指、人差し指、中指の指先で軽く持つ

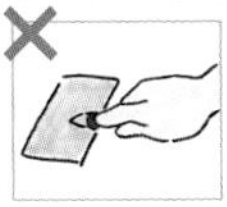
× 力強く握りしめたり、押しつけるようにとかす

◎コームの持ち方

コームの先を親指、人差し指、中指の3本で軽く持ち、毛に対して垂直にコームを入れます。そのまま根元から毛をかきだすようにとかしましょう。

try! ブラッシングの手順

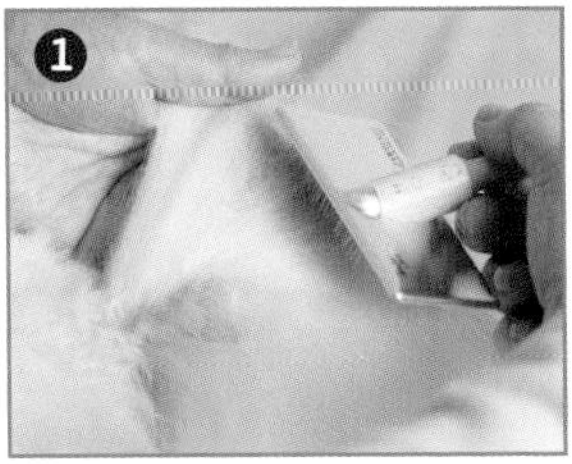
❶ 全身をチェックし、毛玉があればスリッカーブラシとコームでほぐしておきます。

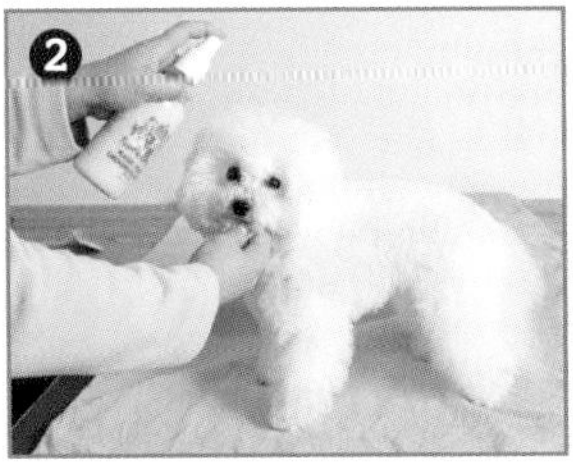
❷ ブラッシングスプレーを全身にかけて、よくなじませます。

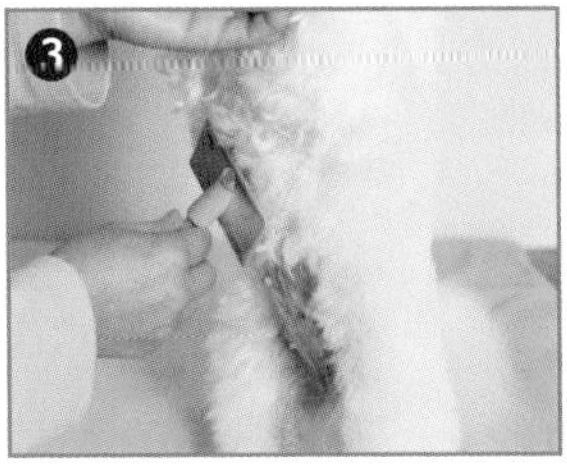
❸ ピンの半分くらいをお腹の毛にあて、流れに沿ってなでるようにスリッカーをかけます。

❹ 毛玉になりやすい脇の下、内股、お腹にまんべんなくスリッカーをあてましょう。

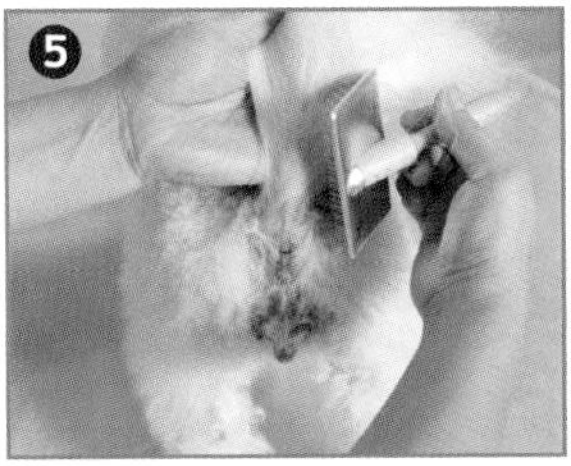
❺ しっぽの付け根は毛玉ができやすいので、肛門にスリッカーがあたらないように気をつけながら、念入りにブラッシングします。

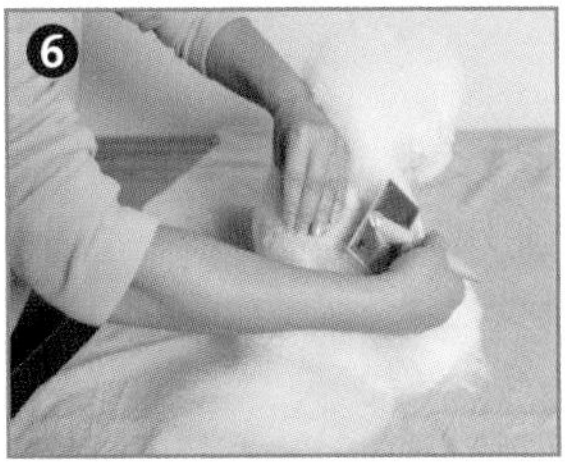
❻ 体の内側の毛が終わったら、ワンちゃんを座らせて背中の毛をとかします。スリッカーを軽く持ち、小刻みに動かしましょう。

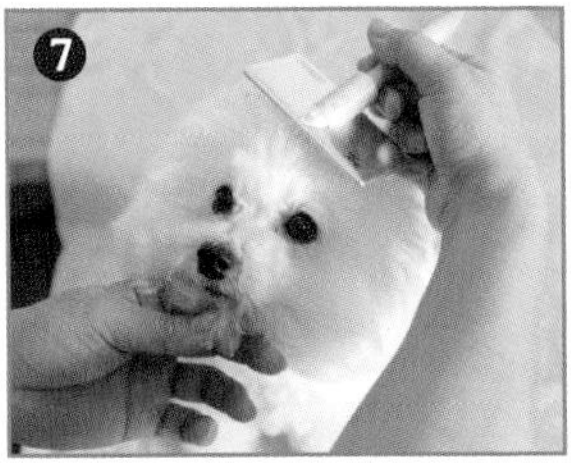
❼ あごの下に優しく手を添えて、頭頂部にスリッカーを入れます。

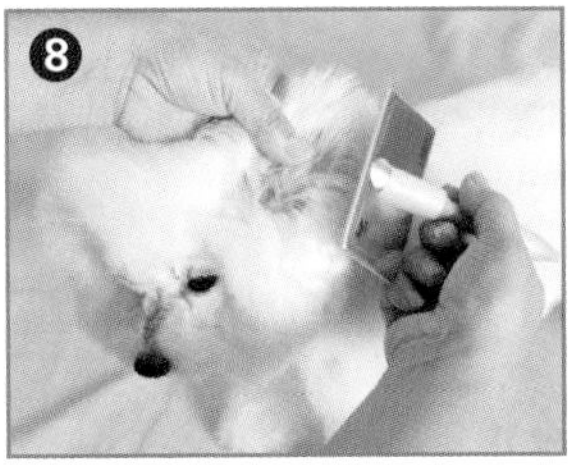
❽ 耳は傷つけないように耳のへりを確認しながらスリッカーでブラッシングします。耳の裏も忘れないように。

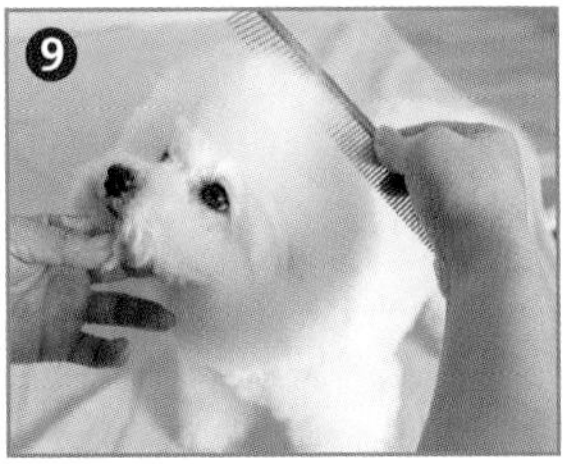
❾ 最後にコームのピンを下に向けながら全身をとかします。

コツ24

シャンプーとリンス

ワンちゃんが水を怖がらないよう シャワーヘッドは肌につけるように洗いましょう

フワフワで美しいスタイルを保つために、自宅のバスルームで
ワンちゃんが嫌がることなくシャンプーとリンスができるコツを紹介します。

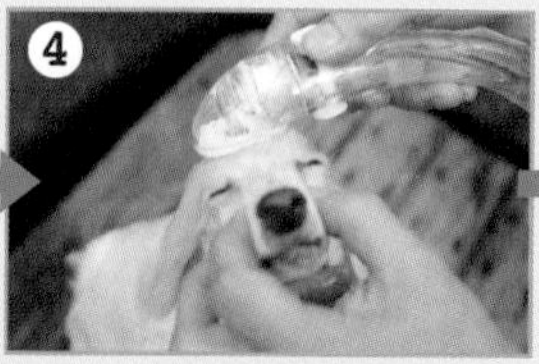

親指と薬指で両耳を押さえながらお湯をかけます。②と同様、シャワーヘッドを肌につけるようにして頭皮から体のラインに沿ってすべらせます。

パッケージに記載された割合で薄めたシャンプーを手に取って泡立て、背筋から首筋、後ろ脚、しっぽ、前脚を洗います。

頭頂部に沿うように、シャワーヘッドをすべらせながら流します。シャンプーは2回行いましょう。

トリートメントをします。直接毛につけて全身になじませてから、しっかりすすぎましょう。

目指すは〝フワフワ毛〟のトイ・プードル

ワンちゃんにとって一番大切なのは「水を怖がらせないこと」。最初のお風呂はとても重要です。いきなりシャワーで洗うより、2〜3回はドッグバス（おけやタライでもOK）を使い、優しくお湯をあてるようなイメージで洗ってあげましょう。

トイ・プードルは長毛の犬種ですが、シャンプーのしすぎはタブー。目安は月1・2回なので、トリミングサロンでシャンプーをしてもらう場合も考慮しながら日程を決めましょう。また、ワンちゃんの体調がよくない場合や皮膚に病気がある、予防接種後、妊娠中はシャンプーを控えるか、ドライタイプのシャンプーを利用しましょう。

シャンプー前には念入りにブラッシングをして毛玉をといておきましょう。毛玉をそのままにしたまま洗うと汚れがとれないだけでなく、毛玉もほぐしにくくなるので注意しましょう。

シャンプーとリンスの仕方

36度～37度くらいのぬるめのお湯を、しっぽからかけます。ドッグバスの場合はワンちゃんの胸の高さ位までお湯をため、ゆっくりと入れてあげましょう。

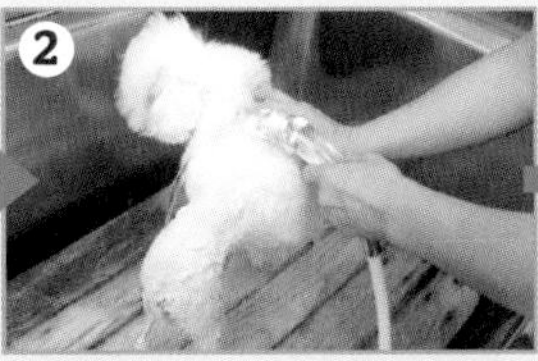

ワンちゃんが怖がらないように、シャワーヘッドを肌につけるようにしながら、後ろ脚、胴体、首筋の毛の根元にお湯をかけます。

利き手で肛門の両脇を押さえて、肛門腺を絞ります。液体が出ないときは無理にしなくてもOK。

毛をブラッシングするように、両手で毛の流れに沿ってシャンプーをもみ込みます。軽くマッサージをするような感覚で洗うのがコツ。

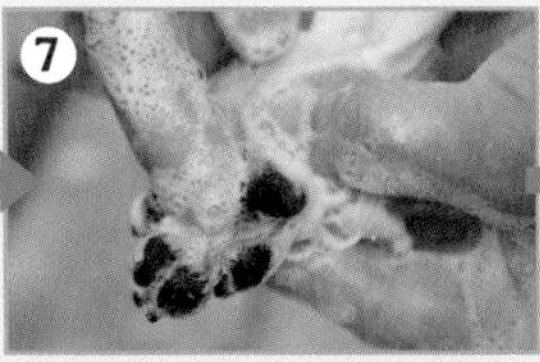

脚を持ち上げて、肉球の間に指をすべらせるように入れて丁寧に洗っていきます。同様に、脇の下や胸も汚れやすいので、しっかりと洗います。

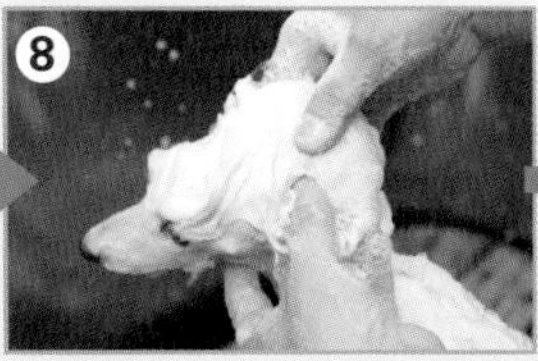

耳の裏、耳のふち、耳の下、最後に目を洗います。泡が入らないように耳の穴に指を添えて洗いましょう。

リンスを全身になじませるようにつけます。特に毛玉ができやすいところは忘れずにつけましょう。

リンスを洗い流します。すすぎ残しがあると、湿疹などの原因になるので気をつけましょう。

すすぎ終わったら、手で毛を軽く絞ります。

ワンちゃんが自分でブルブルして水気を飛ばしたら、水がたれない程度にタオルでふき取ります。

wan!

Point

シャンプーやリンス、トリートメントをすすぐときに忘れやすいのが目です。目の中に液が入ったままだと、病気を発症する要因となります。ヘッドを頭頂部にあて、その流れで目の中をよくすすぐようにしましょう。

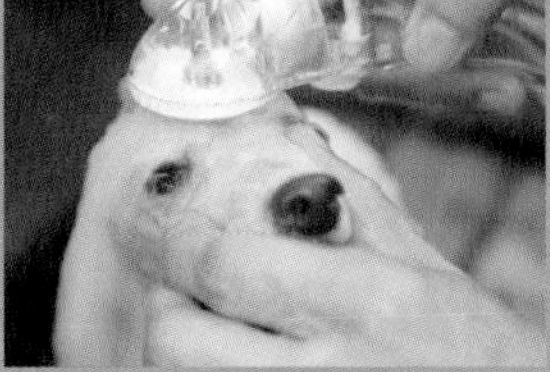

コツ25

ブロー

入念なドライングとブラッシング、最後は冷風で湿気を飛ばすのがポイント

シャンプー後に半乾きの状態にしておくと、皮膚病の原因になることも。ブローも念入りに行いましょう。

湿気が残らないようしっかりとドライングとブラッシングを

シャンプーをした後は毛の根元からしっかりとドライヤーをあててブローしましょう。やけどを防ぐためにドライヤーは、30㎝以上は離してブローを行ってください。ほかの犬種は乾かす際に逆毛にならないようにとかしていきますが、トイ・プードルの場合はふんわりと仕上げるために被毛を立てるようにブラッシングをします。

温風は湿気を内側にためてしまうので、全体が乾いたら仕上げに冷風をあて、毛の内部にこもった湿気を飛ばしましょう。そうすることで、ワンちゃんの被毛がふんわりと仕上がります。また、シャンプー中に耳の穴に水が入ることが多いので、ガーゼなどを使って耳の中の水分をふき取りましょう。垂れ耳のトイ・プードルはそのまま放っておくと、外耳炎などの耳の病気になってしまいます。

ドライヤーはエプロンにはさむと楽ちん

ブローの際は片方の手でワンちゃんを支えて、もう片方にスリッカーを持つので、両手がふさがれ、ドライヤーを持つのが大変です。そんなときは、ドライヤーをエプロンの中に入れてしまいましょう。さらに、タオルを敷いたテーブルなどの上にのせると作業が行いやすくなります。また、ドライする部分以外はタオルをかけ、巻き毛のまま乾燥するのを防ぎましょう。

try!

ブローの手順

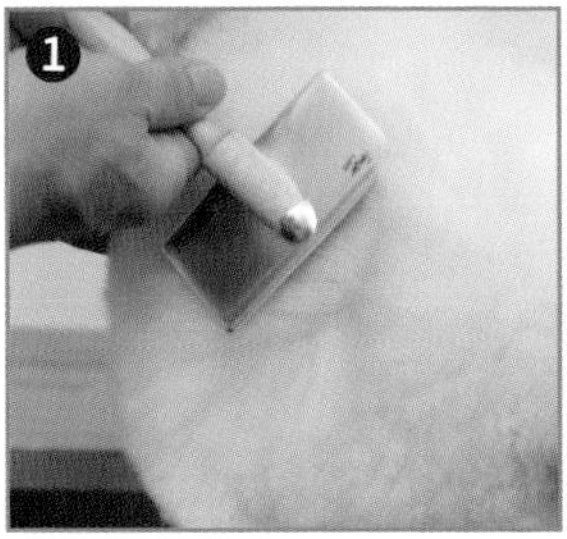

スリッカーを持った手で温風の熱さを確かめながら、ワンちゃんの毛を持ち上げて根元に温風を当てます。濡れて濃くなった毛色が薄くなるまでしっかり乾かしましょう。

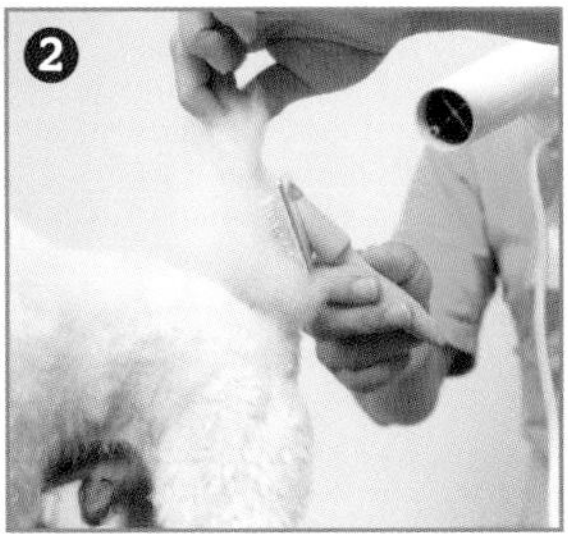

手でしっぽを持ち、毛の流れに沿って付け根から毛先に向かって乾かしていきます。

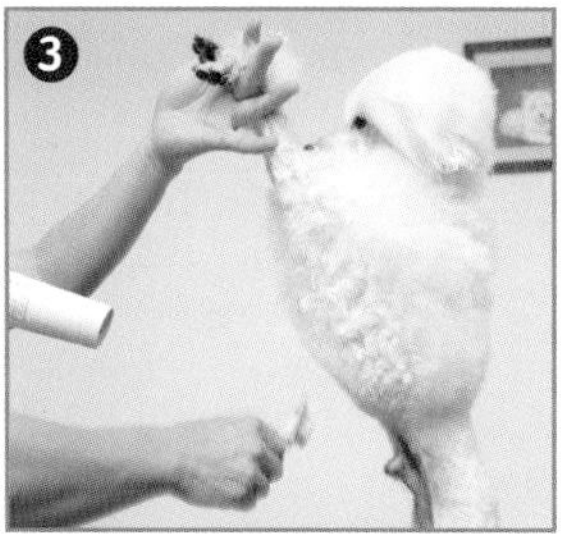

前脚をもってワンちゃんを立たせ、お腹や脇の下など湿った部分をスリッカーでとかしながら、温風をあてます。

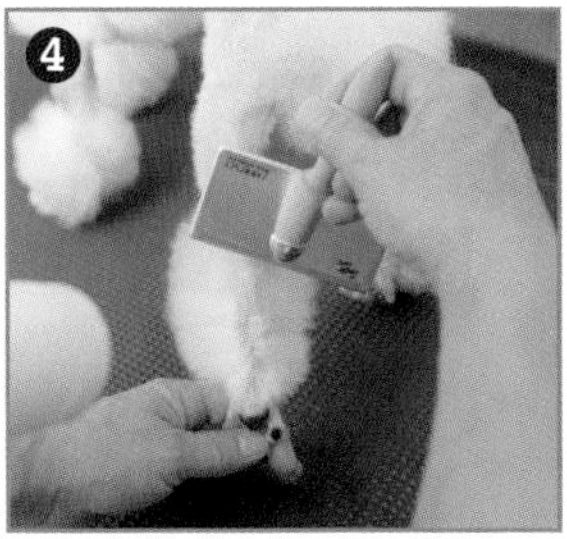

後ろ脚を持ち上げてスリッカーでとかしながらブロー。ワンちゃんが嫌がる場合は、家族などにおやつをあげてもらうなど、気をそらしましょう。

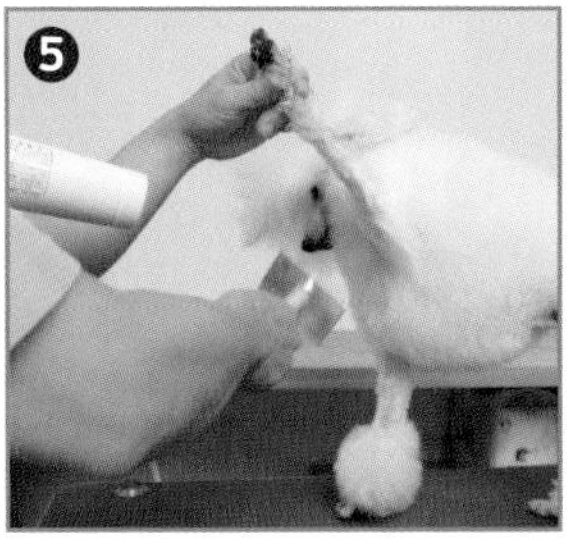

前脚を持ち上げてスリッカーでとかしながら、脚先、脚の裏などに温風をあてて乾かします。

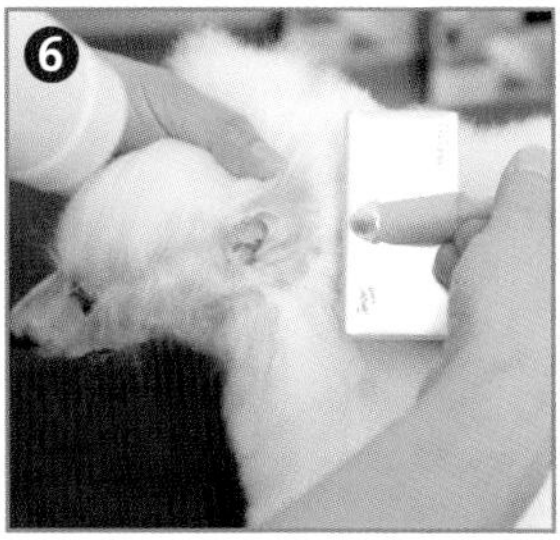

耳の付け根は湿気が残りやすいので、耳の毛を持ち上げながら念入りに弱温風をあてます。耳の部分を手のひらにのせて毛の流れにそってスリッカーをあてます。

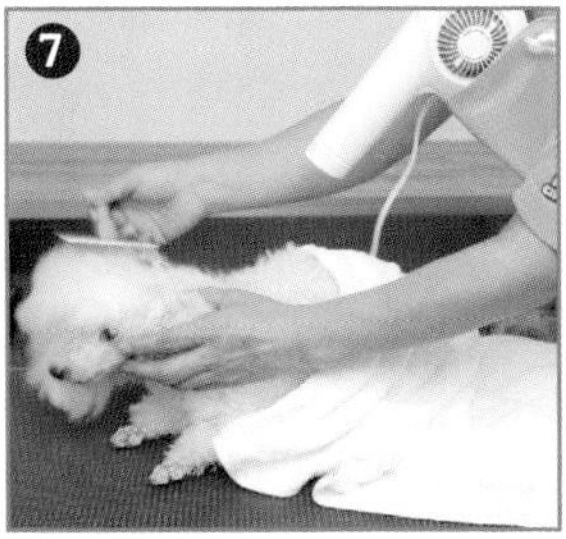

頭頂部の毛をスリッカーで前から後ろに流すようにとかしながら、ドライヤーで弱温風をあてます。正面からあてると目をやけどしてしまうので斜め上からあてましょう。

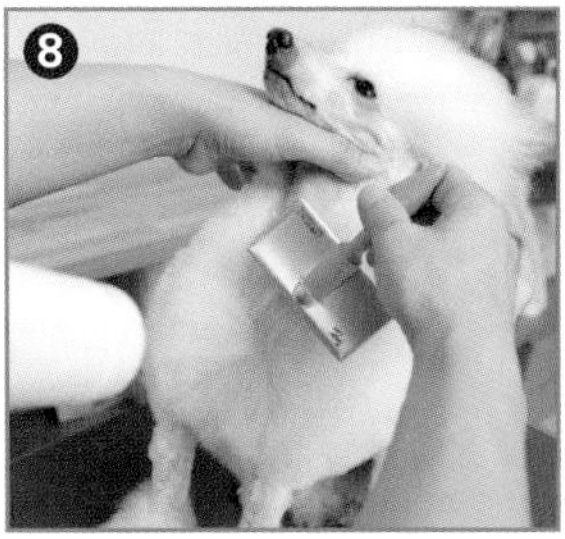

アゴの部分を持ち上げて首元に弱温風をあて、スリッカーでとかします。仕上げに全体をコームでとかしながらドライヤーの冷風をあてて、湿気を飛ばしましょう。

wan! **Point**

被毛はスリッカーを毛の根元に入れながら温風をあて、背中などは毛の流れとは逆に、毛を立てるようにブローしましょう。

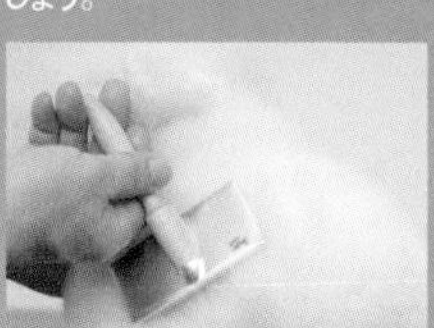

コツ26

部分手入れの方法① 目やにと涙やけ

目のお手入れは小まめに行い、少しでも異常があったら病院へ

潤んだ愛くるしい瞳はトイ・プードルの最大の魅力。大きな目のワンちゃんに起こりやすい目のトラブルも小まめなお手入れで防ぎましょう。

目と目の周りは常に清潔に保つことが大切

涙やけとは涙に含まれる成分によって目の周囲の毛が赤や茶に変色してしまうこと。トイ・プードルは、目頭から鼻にかけて涙やけをしやすい犬種です。涙やけは、涙の分泌量が多すぎる、ゴミや異物、毛先などによる目への刺激などが主な原因になります。特に、毛色がホワイトやシルバー、アプリコットなどの色の子は目立ちやすいといわれています。涙や目の周りの汚れ、目やには小まめにふいて、いつもきれいにしておくことが大切です。また、目に異物が入った場合は、ワンちゃん用の目薬をさして異物を洗い流してからふき取りましょう。

ケアをしても涙の量が多い場合は、涙腺の異常や慢性の結膜炎など目の病気になっている場合が考えられるので、早急に病院に連れて行きましょう。

涙やけをふく

❶

コットンに涙やけ用ローションを垂らします。ない場合はお湯をしめらせるだけでもOK。

❷

涙やけした部分の毛を優しくふきます。

目やにを取る

コームの細かい部分で目やにをすくうようにして取り除きます。涙やけの手入れをした後に行うと取りやすいです。

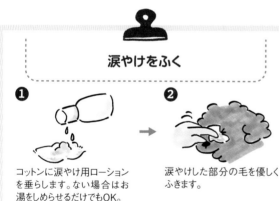

コツ27

部分手入れの方法② 爪切りとパッドのケア

爪は切りすぎないよう慎重にカット パッドの毛は小まめにカットしましょう

ワンちゃんの爪は伸びすぎると危険なので、血管や神経を傷つけないようにカット。同時にパッド（肉球）の部分に異常がないかもチェックしましょう。

お家の中で暮らす ワンちゃんは忘れずに

ワンちゃんのケアで案外忘れがちなのが爪のお手入れ。外へ頻繁に出歩く子は地面やアスファルトの摩擦で爪が摩耗していきますが、屋内で暮らしている子は定期的にチェックしましょう。爪が物に引っかかり、脚を痛めたり、皮膚や目を傷つけることもあるので、3週間に1度はカット。ワンちゃんの爪には血管が通っているため、深爪せずに適度な長さをキープさせることが重要。万が一のために止血剤を用意しておきましょう。切った後は、やすりをかけて丸く整えてあげると、ワンちゃんも歩きやすくなります。

パッドの毛も見逃しやすいので注意が必要。伸びた毛に覆われているとすべりやすくなり、脚と腰に大きな負担がかかります。コームでとかしてからハサミやバリカンでカットしましょう。また、濡れたまま放置すると炎症を起こす恐れがあるので、常に清潔にしておきましょう。

爪切りの方法

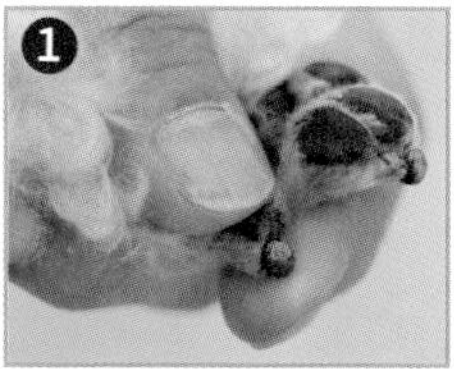

❶ 親指と人差し指で爪の根元を押さえて爪をしっかりと出します。

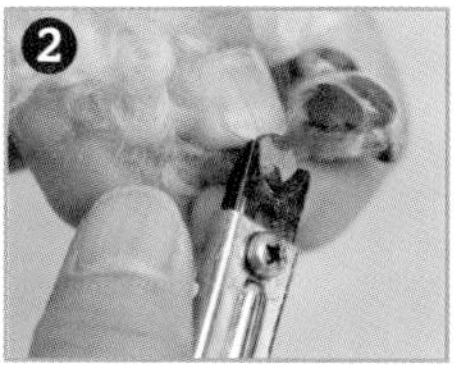

❷ 神経や血管を切らないように少しずつ切っていき、切り終わったらやすりで整えます。

パッドの処理方法

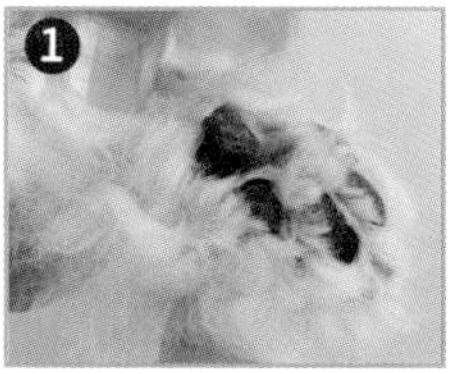

❶ 親指と人差し指で肉球の間を開き、毛をコームでかき出します。

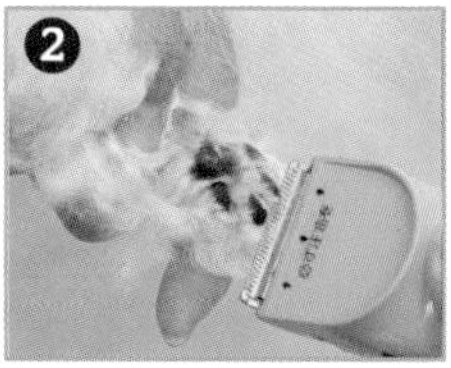

❷ 肉球にかかった毛先の部分を少しずつカットします。

コツ28

部分手入れの方法③肛門絞りとお尻の毛のカット

肛門腺絞りは8時と4時！毛のカットはしっかりと尾をつかむこと

ワンちゃんがおしりをこすりつけたり、なめたりするのは、肛門腺に分泌液が溜まっている証拠。定期的に絞ってあげましょう。シャンプーのときに一緒にするのがおすすめです。

肛門の周りは常に清潔に

肛門の近くには肛門腺があり、不快なにおいのする分泌液やその分泌液が溜まる肛門嚢が、時計で例えると肛門を中心に4時と8時の方向に位置しています。大型の犬種だと排便と一緒に分泌液も出ますが、トイ・プードルのような小型犬種は定期的に絞り出さなければいけません。放っておくと化膿や炎症を起こし、肛門嚢が破裂してしまうことも。肛門嚢の部位が張っていたら分泌液がかなり溜まっている証拠。シャンプーのときなど、定期的に押し出しましょう。

また、肛門の周囲の毛が伸びてウンチがついてしまうときは、コームで毛をかき出すようにとかし、ハサミかバリカンでカットしましょう。散歩後には小まめにふき取るなど、日常のケアもとても大切です。汚れたまま放置すると湿疹やただれの原因になります。

肛門嚢の絞り方

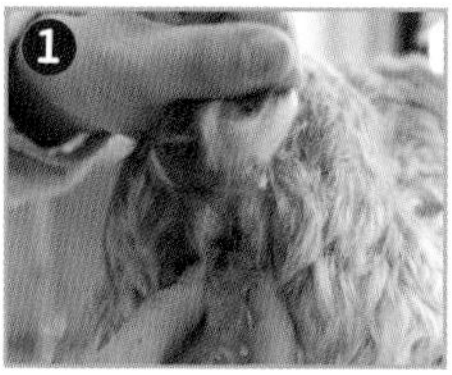

しっぽを持ち上げて、肛門嚢が膨らんでいないか確認。

肛門嚢をはさむように持ち、ティッシュをあててからキュっと押し出します。

おしりの毛のカット

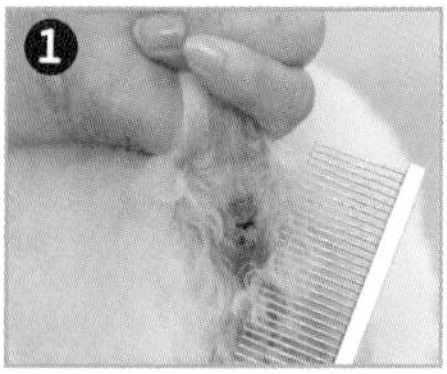

コームで毛をかきだすようにとかします。

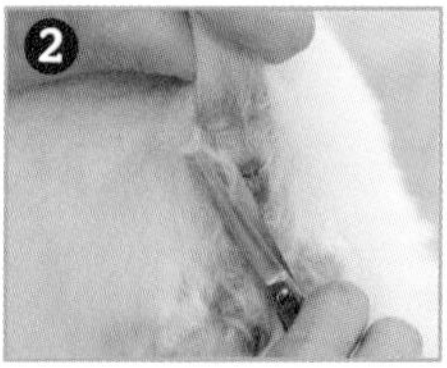

しっぽをしっかりと持ち、ハサミで肛門にかかる毛をカットしていきます。

✓コツ29

部分手入れの方法④イヤーケア

耳掃除は週1回のペースで定期的に耳の毛を抜くことも忘れずに

プードルのように、耳が垂れている犬種は、中耳炎など耳の病気が発症しやすいのです。汚れを溜めにくくするためにも、耳掃除をして清潔にしましょう。

耳毛を放っておくとにおいや病気の原因に

耳が垂れているトイ・プードルは、耳の中が蒸れやすく病気になりやすい犬種です。耳の中の毛が伸びたり汚れていることがあるので、小まめにケアする必要があります。カンシという道具を使うと処理しやすいのですが、初心者には扱いが難しいのでイヤーパウダーをつけて、自分の手で抜けるものだけ抜き、残りはトリマーさんにお願いするのがベストです。シャンプーの時にイヤーローションをつけ、毛をブローして、耳掃除をすると、耳アカがふやけて取りやすくなります。トイ・プードルは耳の毛が生えやすいので、耳掃除は1週間に1回、耳の毛抜きは1カ月に1回、トリミングの際にトリマーさんに任せるのがよいでしょう。

耳の洗浄の仕方

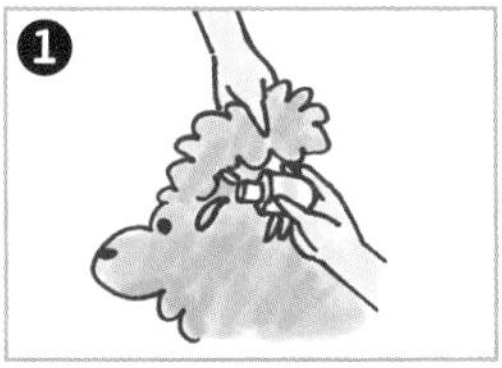

❶ 耳アカをふやかすために、イヤーローションをたらし、両手でもんでよくなじませます。

❷ 片方の手で耳の中を露出させます。入り口付近に出てきた耳アカをコットンでふきとります。

コツ30

部分手入れの方法⑤歯磨き

まずは口の中に手を入れる練習からスタート 段階を踏んで、歯ブラシに移行しましょう

人間と同様にワンちゃんも歯磨きが必要。病気になってからでは手遅れです。子犬のころから歯磨きの習慣を身につけて、健康なお口を保ちましょう。

幼少期からの歯磨きで歯石や歯周病を防ごう

ワンちゃんは虫歯（う歯）にはなりにくいと言われていますが、軟らかいものや飼い主の食べ物を与えていると歯垢が付着し、歯周病や虫歯（う歯）になる可能性が高く、一般家庭で飼っているワンちゃんの約8割が生後2年間で歯周病になっています。ワンちゃんの健康を守るためにも生後2カ月くらいから歯磨きに慣れさせることが大切です。

歯磨きアイテム

◎脱脂綿・ガーゼ
口をゆすげないワンちゃんの口の中に残ったペーストをふくために使います。

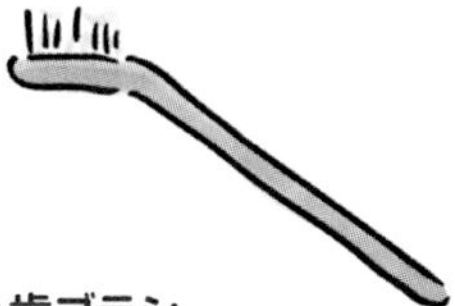

◎歯ブラシ
人間が使うものと同じ形。ペットショップや動物病院で販売しています。

◎歯磨用ペースト（ジェル）
ペーストやジェルはかかりつけの先生によく相談して決めましょう。

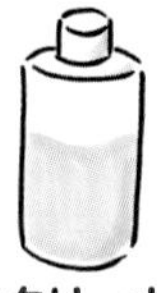

◎マウスクリーナー
原液を飲み水に混ぜて飲ませたり、ガーゼに含ませて直接磨くためのもの。

◎歯磨き用サック
指サックに磨くためのブラシが合体した優れもの。歯ブラシが苦手なワンちゃんにおすすめ。

try!1 口の中に手を入れる練習

口の周りを触ります。嫌がるときは、おやつなどを与えて、徐々に慣れさせて。

1に慣れたら、今度はあごの下を優しく固定し、頭を動かないようにします。

片方の手でワンちゃんの唇やその周辺を優しく触ります。

あごの下を固定したまま、指でワンちゃんの歯を少し触ります。

歯を触ったら、次は顔の周辺やそのほかの身体の部位を触ります。

ごほうびを与えて、ほめながら4・5を行い、少しずつ慣れさせていきます。

try!2 口の中に手を入れる練習〈チーズペーストを使って〉

ワンちゃんの用のチーズペーストを人差し指にぬります。

チーズペーストをぬった指をワンちゃんの口に近づけ、なめさせます。

そのまま、口の中に指を入れて歯を触ります。

1〜3を行い、歯を触られるのは嫌なことじゃないとワンちゃんに感じさせます。

歯磨きに慣れてもらうには、まずワンちゃんの口の中に指を入れることからはじめましょう。慣れてきたら、次にガーゼを巻きつけたものや指サックタイプの歯磨きを使った方法にステップアップ。徐々に歯ブラシに変えていきましょう。

歯石ができている場合はスケーリング（歯石除去）を行いますが、これは病院での治療です。飼い主さんはワンちゃんの日常のケアを大切に歯石を予防しましょう。

try!③

◘ 歯ブラシを使った歯磨きにトライ！

❶

顔を後ろから固定して唇をめくり、歯の状態を確認します。

❷

歯ブラシに歯磨きペーストをつけて、前歯から磨きます。

❸

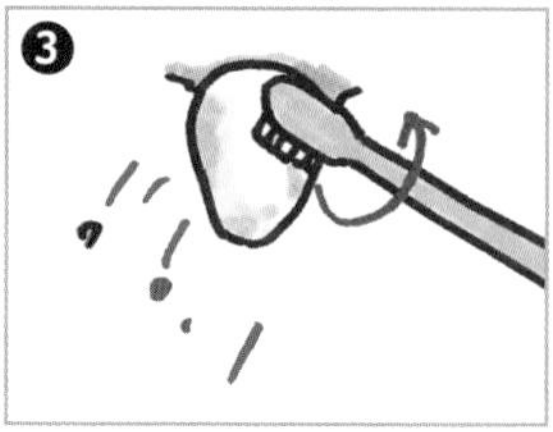

トイプードルのような小型犬は歯が小さいので、優しく歯ブラシの毛先で汚れをかき出すように磨きましょう。

❹

次に歯ブラシを歯と歯ぐきの間にあて、円を描くようにマッサージします。

❺

慣れてきたら、奥歯も磨きましょう。奥歯は一番汚れがたまりやすいので、念入りに。

❻

磨き終わったら乾いたガーゼや脱脂綿で歯磨きペーストをふき取ります。

◎ 毎日の歯磨きで病気を予防！

歯垢や歯石は虫歯（う歯）、歯周病のはじまりです。歯周病は悪化した場合、歯が抜けたり、アゴの骨折、内臓疾患を引き起こすこともあります。病気を未然に防ぐためにも、子犬のころから歯磨きの習慣をつけておくことはとても重要。歯の生え方や噛み合わせによって歯垢がつきやすい場所があるので、かかりつけの病院の獣医さんに聞いておくと、さらに良いでしょう。

◎ 愛犬の歯のケアは家族全員で！

口の中に手を入れる練習から毎日の歯磨きまで、飼い主さん以外にも家族全員でできるようにしておくのがベスト。家族の中で飼い主さんだけしか口を触らせない、歯磨きをさせないというワンちゃんは、何かの事情で飼い主さんができない状況になった場合、当然虫歯（う歯）、歯周病になる確率が高くなります。愛犬の健康は飼い主さんだけでなく、家族一丸となって守りましょう。

歯ブラシが苦手なら

サックを使う

指にサックをはめて、反対の手で唇をめくり、サックの突起物を歯にあてて磨きます。

マウスクリーナー

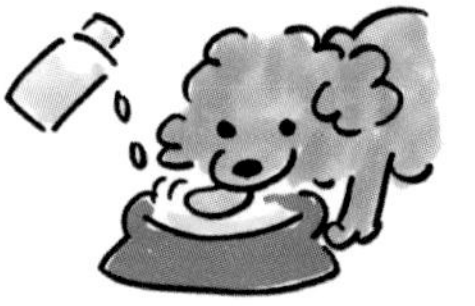

水に混ぜて使います。成分の力で口臭や歯垢の原因となるバクテリアの発生を抑えます。

硬いものを噛ませる

硬い骨やおもちゃを噛むことでだ液が出て、歯の汚れを取り去る効果があります。

ガーゼを使う

歯ブラシ前の入門編としておすすめ。指にガーゼを巻いて、歯の表面を磨きます。専用の歯磨きガーゼを使うとより便利。

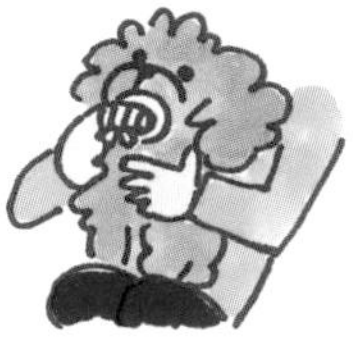

歯磨き専用ガム

噛んで歯垢を落とすので、おやつ代わりに与えるのもOK。ガーゼや歯ブラシをどうしても嫌がってしまうワンちゃんに最適。

歯周病って?

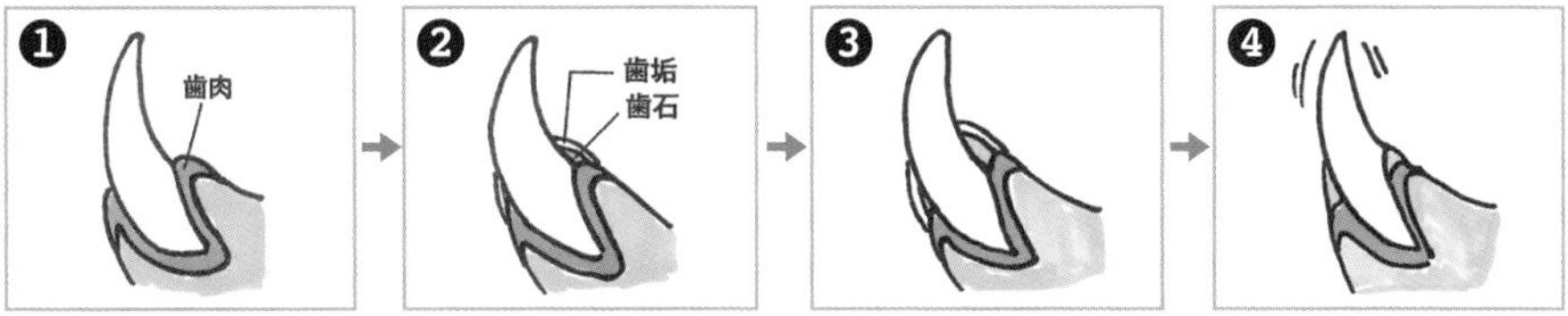

❶ 健康な状態の歯は、ピンク色の歯肉にしっかりと支えられています。口臭もなし。

❷ 細菌を含む歯垢が付着し、放置しておくと歯石に変化。これが口臭の原因に。

❸ 土台となる歯肉が炎症を起こすことで縮み、歯がグラグラとしてきます。

❹ さらに悪化すると、強い口臭を放ち、膿汁、出血が見られ、歯が抜けることも。

口臭が強い場合は口の中のトラブルかも

トイ・プードルは口の中に細菌がたまりやすく、歯周病になりやすい犬種。予防のためにも、1日1回は歯磨きをするのが理想的です。口の中にトラブルがないワンちゃんは、口臭はほとんどしません。口臭が強くなったり、歯茎から出血が見られた場合は要注意。深刻な口腔内疾患の可能性もあるので、すぐに動物病院へ行きましょう。

歯磨きをするときは、力を入れてごしごしこするのはNG。強くこすると歯肉を傷つけてしまったり、ワンちゃんが痛がって、その後の歯磨きを嫌がってしまうからです。優しく丁寧にこすり、歯の表面の汚れを落とすようにしましょう。

コツ31

トイ・プードルペットカタログ

体格や顔の形、被毛の質にあったスタイルを見つけることが魅力を引き出すコツ

トリマーさんに頼むといえばやっぱり我が子のトリミング。アドバイスを聞いて愛犬にぴったりのスタイルを選びましょう。

顔の形に合ったカットを選ぼう

カットスタイルを自由に選べるのがトイ・プードルの魅力。カットにはドッグショーなどで見られるコンチネンタル・クリップや、イングリッシュ・サドル・クリップなどの部分的にバリカンを入れるタイプとハサミだけで仕上げるタイプがあります。近年はテディベアカットのようなハサミだけのタイプが人気を集めていますが、重要なのは、ワンちゃんにそのスタイルが本当に似合っているのかどうか。鼻先の長さや毛の量、しっぽの長さなど同じトイ・プードルでも体格は千差万別。流行にとらわれず、トリマーさんとじっくり相談して愛犬の魅力を一番引き出せるカットを見つけることが大切です。

カットカタログ

A コンチネンタル・クリップ

元々は水鳥を狩っていたプードルの伝統なカットを継承しているスタイル。トイ・プードルの本来持っているエレガントさを引き出します。

○こんな子におすすめ！
…バランスの良い体型の子

トイ・プードルの体型タイプ

ドワーフ	・体高に比べて体長が長く、胴長短足な体型の子 ・体は小さく、骨太。がっしり体型で顔が大きめ ・目は横向きのきれいなアーモンドアイ ・丸く、かわいらしいスタイルが似合う ・メスはオスより少し胴長なのが普通	
スクエア	・トイ・プードルの理想体型で、ドックショーに登場するのもこのタイプ ・真横から見たときに、体高と体長が等しいことから「スクェア」と呼ばれる ・コンチネンタルやサドル、長脚テリアなど上品なスタイルが似合う	

◆カットカタログ

B テディベアカット

一番人気のカット。まるで、ぬいぐるみのようなモコモコとした姿が魅力。顔全体を丸くカットし、体や足の毛もボリュームを残します。

○こんな子におすすめ！…鼻先が短い子

C ワンポイントガーリーヘアー

耳の毛を伸ばすことで女の子らしさをアピール。さりげなく入れたカラーリングもキュート！アクセサリーやエクステをつける場合にもおすすめです。

○こんな子におすすめ！…鼻先が短い子

D ベドリントン・テリア風カット

ベドリントン・テリア風のカット。まるで羊のような姿はホワイトの子にぴったり！

○こんな子におすすめ！…鼻先が長い子

E ラムカット

羊の毛を刈ったようなプードルの基本的なカット。鼻周りと足先をバリカンで刈るクラシックなスタイルです。特にホワイトの子に人気。

○こんな子におすすめ！…どんな子もOK

F ビジョンフリーゼ風カット

フランス語で「愛くるしい・巻き毛」を意味するビジョンフリーゼをイメージしたカット。

○こんな子におすすめ！…顔に毛量がある子

パーツ別スタイルカタログ

顔

丸顔

顔全体を丸くフワフワにするカット。全体的にソフトな印象になります。

四角顔

全体的にスクエアな印象が残るようにカット。

逆三角顔

鼻周りをバリカンで刈り、鼻先をすっきりさせたカット。

耳

丸耳

クマのような丸い耳はカールが強く毛量が多い子向き。

長い耳

毛を長く伸ばし、かわいらしい印象。耳が裏返りやすい子にもおすすめ。

三角耳

毛の量を少なく、薄くカットして三角の形を出したスタイル。

ウェーブ耳

わざとウェーブを残したスタイル。強めのウェーブの子にぴったり!

ベドリントン風

耳先のみに毛を残し、エレガントな印象。

長耳ウェーブ

通常のウェーブカットよりも毛を長く残したスタイル。

パーツ別スタイルカタログ

ボディ

ずん胴

ウエストのくびれを作らず、ずん胴に仕上げたスタイル。テディベアカットなどに向いています。

くびれ

ウエストがくびれ、スタイルが良く見えるカット。後ろ脚が長く見えるのが特徴です。

足

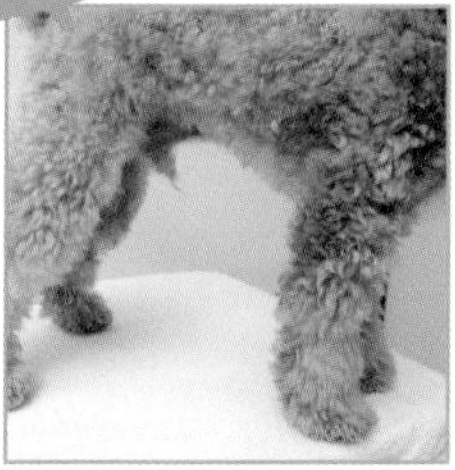

ストレートカット

太くまっすぐ、均一にカット。すっきりとした印象に。

ブーツカット

ブーツカットのような裾広がりのシルエットは足長効果抜群！

モコモコカット

モコモコとした短めの毛がとってもキュート。

短めカット

足のフォルムにそって短くカット。汚れが気になる子向きです。

足先

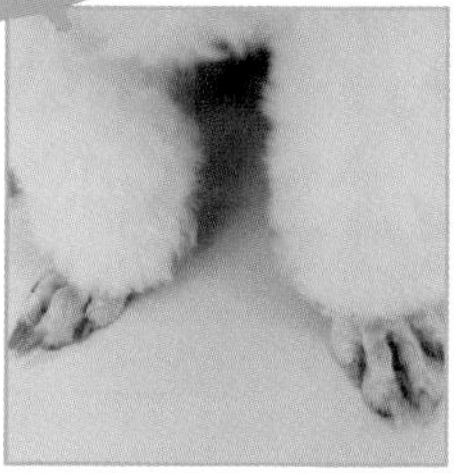

刈り込み

ラムカットに代表される足先だけ刈り込んだスタイル。

短め

汚れやすい足先を足の形に沿って、短めにそろえています。

パーツ別スタイルカタログ

尾

フワフワ尾

ボリュームを出したまん丸のしっぽは存在感抜群。

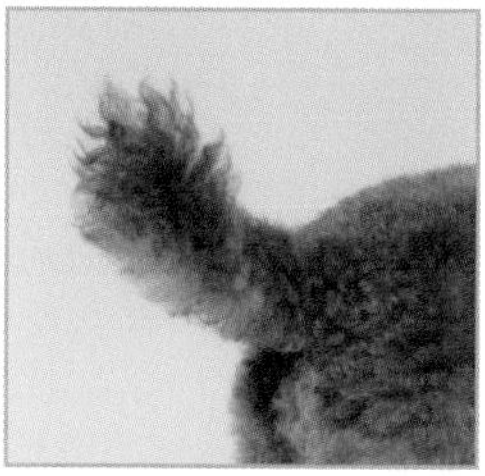

テリア尾

毛を長めに残し、まっすぐにカット。太めのしっぽがキュート。

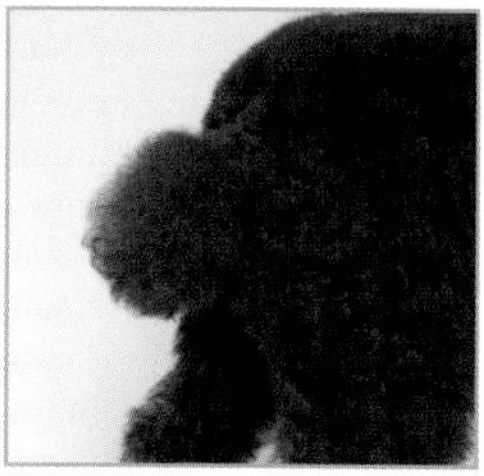

ポンポン尾

根元にバリカンを入れ、先に丸いポンポンを作るラムカットの尾。

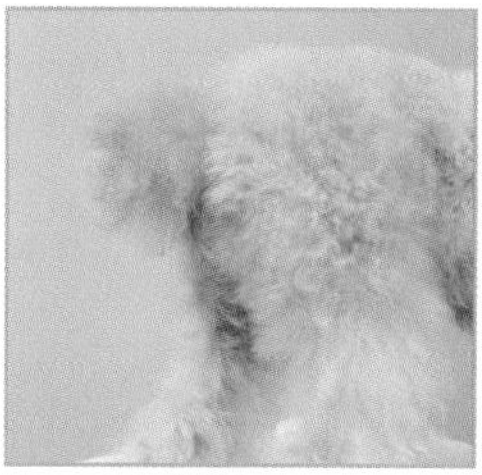

ウサギ尾

尾が短い子におすすめのウサギのしっぽのような丸いカット。

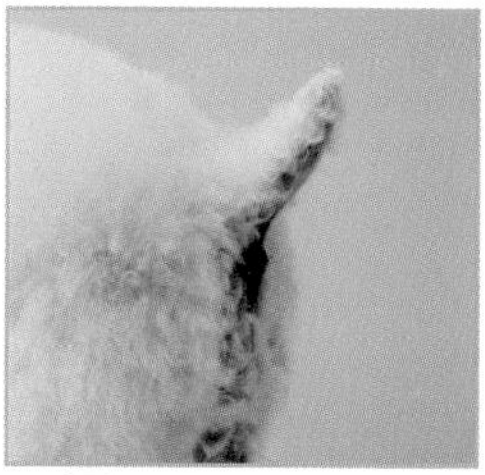

短め尾

しっぽの形を生かし、毛を全体的に薄くカット。

ぴったりスタイルで魅力UP！

ワンちゃんのカットには「ショークリップ」と「ペットクリップ」の2種類があります。トイ・プードルはパピー・クリップ、コンチネンタル・クリップ、イングリッシュ・サドル・クリップの3つが「ショークリップ」とされています。ドッグショーに参加しない場合は、自由なスタイルの「ペットクリップ」でトリミングを行います。紹介したカットをはじめ、いろいろなアレンジカットができるので、ぜひトリマーさんと相談して、トライしてみましょう。

コツ32

手作りリボンで愛犬をキュートに

被毛や皮膚を傷つけないよう優しく丁寧に付けましょう

難しそうに見えるリボンですが、案外簡単にできちゃうものなのです。ハンドメイドリボンで愛犬をよりかわいく演出しましょう！

材料

ゴム

最近では毛に絡まない材質もありますが、なるべくセットペーパーの上から使用しましょう。

セットペーパー

被毛を保護するための紙。厚さや材質、色などは用途によって使い分けてください。

リボン

被毛の色とのバランスを考えて選びましょう。誤飲の可能性があるので、内臓を傷つけやすい形や材質は避けて。

try! ❶ リボンを付けてみよう！

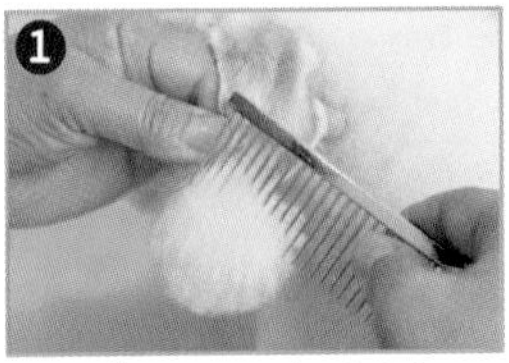

耳を丁寧にコームでとかします。

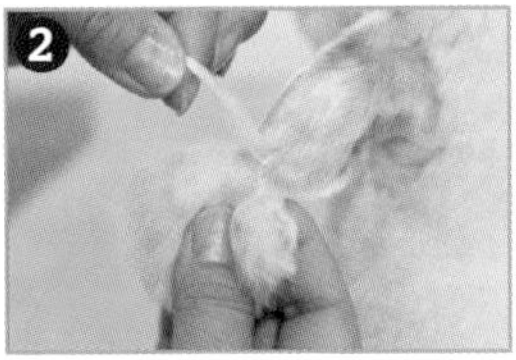

リボンは、耳を動かしてもずれたり、裏返らない、顔寄りに付けます。

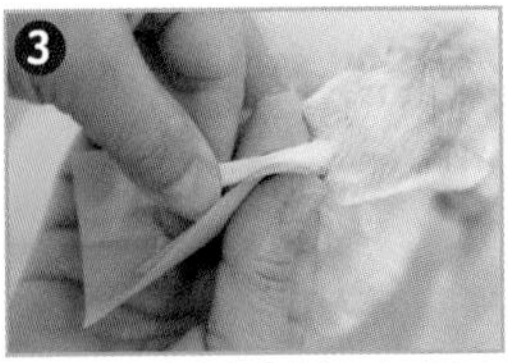

あらかじめ適当な大きさにカットしたセットペーパーで毛をはさみます。

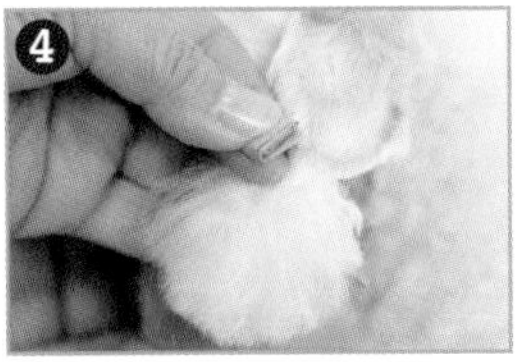

セットペーパーを2つ折りにし、下から折りたたみます。

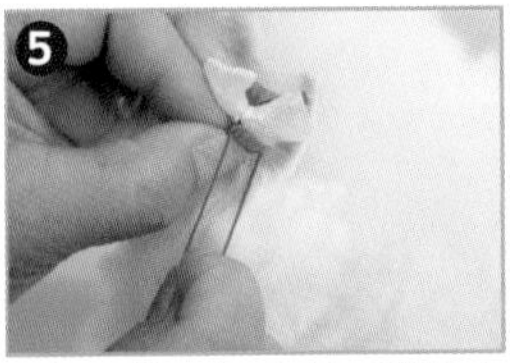

リボンの付いているゴムで折りたたんだ部分を留めます。

同じように反対側もバランスよく付けたら完成。

try! 2 リボン作りにチャレンジ――プチカワリボン

シンプルな形のリボンはコツさえつかめば、すぐにできます。

材料（2個分）

- 1.5cm幅リボン：15cm
- 市販の飾り（手芸店や100円ショップで販売）
- リボン用のゴム
- 糸（リボンと同系色に）

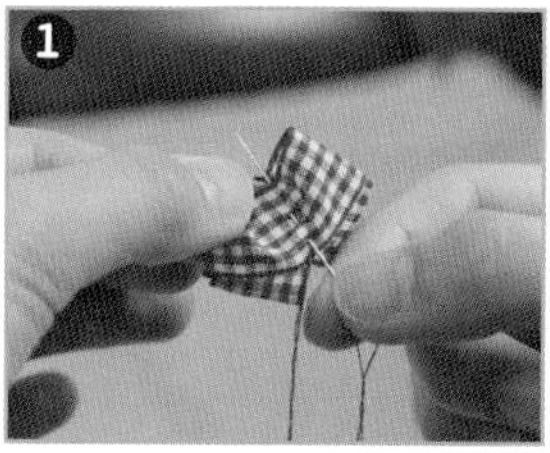

リボンをカットした後、ほつれを防ぐためにカットした面をライターで軽くあぶります（あぶり過ぎに注意）。

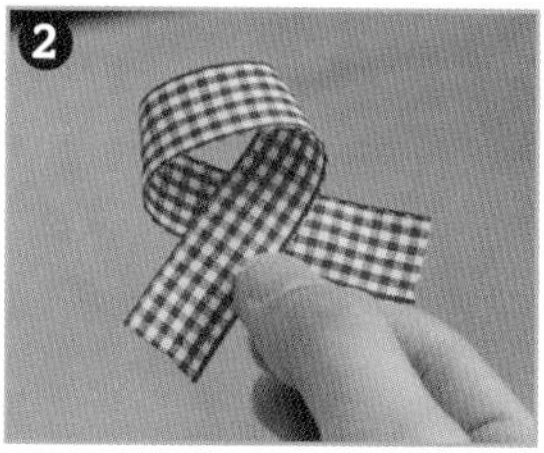

リボンの両端を下でクロスさせ、円を描くように持ちます。輪の部分がリボンのサイズになります。

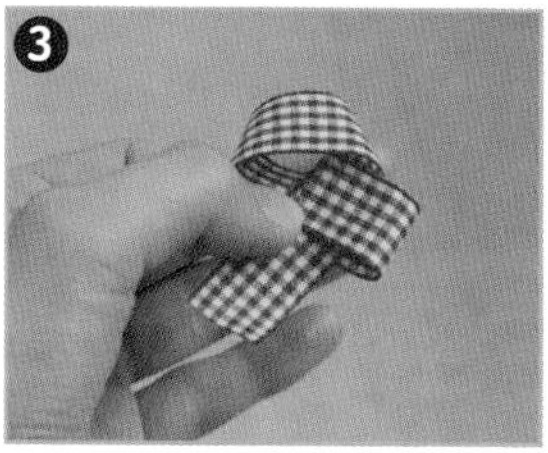

下の両端の部分をクロスしている部分に織り、リボンの形を整えます。このとき飾りを付ける位置を決めます。

糸を中から通し、波縫いでセンターをしっかりと留め、絞ります。ほどけないように縫い合わせることが重要。

センターを絞ったら、糸でしっかりとリボンを巻きましょう。ゆるんだままにするときれいな形にならないので注意。

wan! Point

真ん中で糸をきちんと絞って、リボンの形をきれいにみせましょう。飾りは少し大きめで、派手なものをチョイスするとかわいく仕上がります。

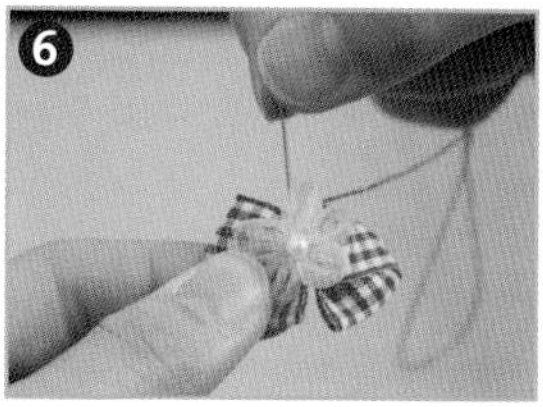

センターに市販の飾りを縫い付け、裏にリボン用のゴムを縫い付けましょう。

セットペーパーとゴムは専用のものを使いましょう

きれいにトリミングしたあとは、仕上げにリボンを付けましょう。トリマーさんにお願いするのも良いですが、リボンは思いのほか、簡単に作れるので、これを機にぜひ挑戦してみてください。愛情たっぷりのリボンでワンちゃんの魅力をさらにアップさせましょう。

注意したいのはリボンの位置。位置を間違えると、毛が薄くなったり、毛玉ができるので、十分に気をつけましょう。また、直接耳にゴムを巻くと耳が壊死してしまうので、セットペーパーと専用のゴムを使うようにしてください。

コツ33

アレンジヘアにトライ

通して結ぶだけの簡単エクステで愛犬の雰囲気を気軽に変身

リボンをマスターしたら、次はエクステ製作にトライしてみましょう！リボンよりも個性が引き立ち、男の子でも気軽に付けられますよ。

try! ①

動くたびに揺れる羽飾りがキュート！

フェザーエクステ

人間用のアクセサリーのパーツを使ったエクステで華麗に大変身！作り方はリボン用のゴムに通すだけで、手軽さも魅力です。

材料

- 人間用の使わなくなったアクセサリーのパーツ
- ビーズなど
- しつけ糸（アクセサリーとビーズを組み合わせるときに使用）
- リボン専用のゴム
- コーム

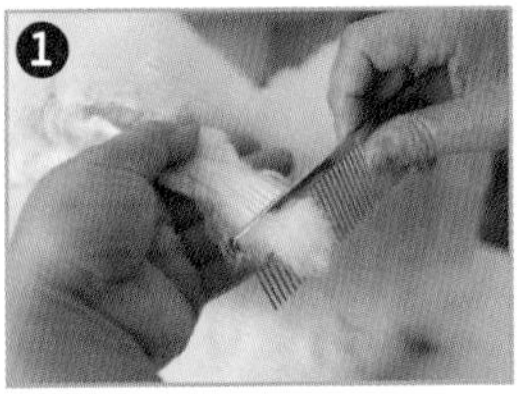

❶ 耳の毛をコームでとかします。

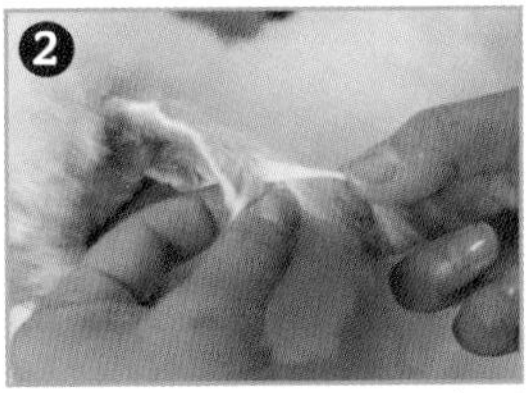

❷ 毛の束を少なめに取ります（リボンより少ない毛量で）。

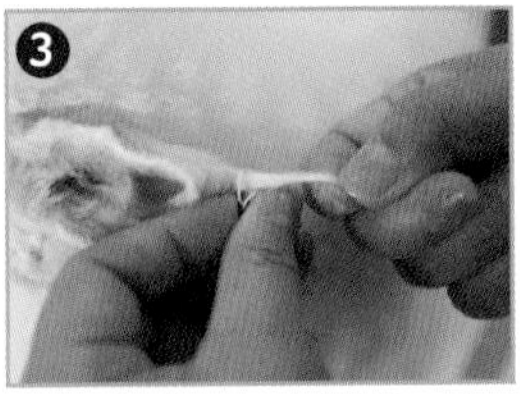

❸ リボン専用のゴムを付けたエクステを直接毛に付けます。

❹ 両方の耳に付けて完成です。

wan! **Point**

生ゴムで付けると、毛が傷んで毛玉の原因になるので、専用のゴムを使うようにしましょう。

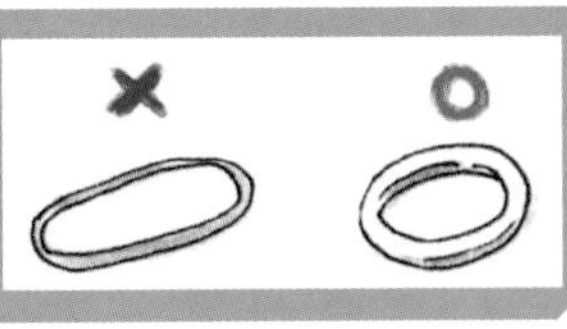

try!2 ◆たくさん付けて注目の的に! ストリングエクステ

ラッピング用のかわいいリボンや毛糸、ヒモを被毛になじむように付ければ、まるでカラーリングしたようなカラフルなエクステのできあがり! 日ごろから利用できそうなものを集めておきましょう。

材料

- 手芸店などで売っているヒモや毛糸（ラッピング用のリボンもOK）
- しつけ糸
- リボン専用のゴム
- コーム

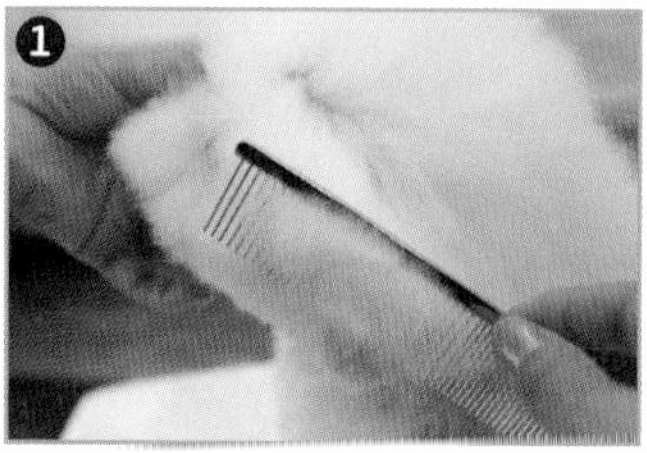

①コームで毛をよくとかします。

②毛をかきあげて中から一束取ります（リボンより少ない毛量で）。

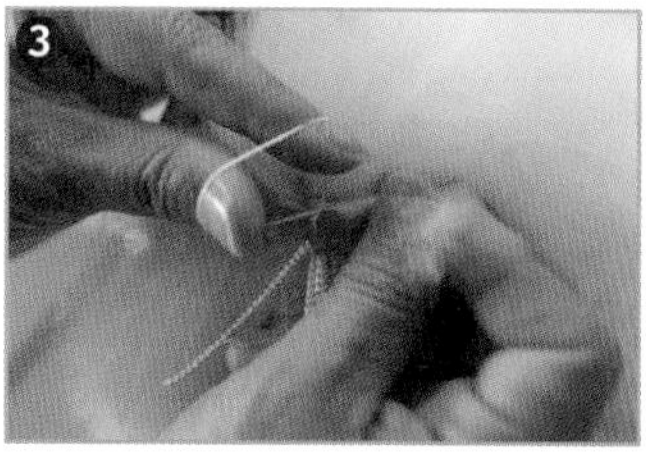

③あらかじめまとめておいたヒモや毛糸をリボン用のゴムで付けます。

④毛の流れになじませるように何カ所かに付けたら完成です。

wan! Point①

リボンやエクステなどは付けたままにしていると毛玉の原因になります。数日に一度は外し、コーミング後にまた付け直しましょう。

wan! Point②

ワンちゃんの顔の形や全体的なバランスを考えて付けていくようにしましょう。ただし、耳のフチは特にデリケートな部分なので避けましょう。

アロマを使ったドッグマッサージ

アロマを利用すると効果アップ！ベースオイルは少量でOK

近年では動物病院でも積極的に取り入れているというアロマ。
オリジナルオイルでワンちゃんと一緒にアロママッサージを楽しみましょう。

精油入りのマッサージでワンちゃんを元気に

ペット先進国の欧米では一般的に行われているドッグアロマ。人間と同様に香りでワンちゃんを癒し、体調を整えます。アロマはリラックス効果だけでなく、皮膚の荒れ、筋肉の張りなど体調面にも非常に有効です。また、マッサージをする飼い主さんにもリラックス効果が得られます。

アロマを使ったマッサージは精油をブレンドしたマッサージオイルを使用をします。マッサージオイルは皮膚に付くこともあるので精油の濃度が0・5％以下になるよう希釈しましょう。ベースオイル10㎖に対して精油は1滴がベスト。最初はホホバオイルがおすすめです。精油はリラックス効果の高いカモミールや心が落ちつくラベンダー、身体の緊張をほぐすゼラニウムなどをワンちゃんの体調に合わせて使い分けましょう。

try! ❶

作ってみよう！

アロマオイル編

❶

遮光ビンにベースオイル（ホホバオイルなどクセのないオイル）を20ml入れる。

❷

目的に合わせた精油を1～2滴入れ、振って攪拌する。

❸

ブランド内容と作った日付を書いたラベルを貼る。

パッドクリーム編

❶

キャリアオイル40ml（ホホバオイルかアーモンドオイル）、蜜蝋10g、好みの精油4～5滴（ブレンドもOK）を用意。

❷

キャリアオイルの中に蜜蝋を入れる。

❸

②を湯煎にかけて蜜蝋が溶けるまでかき混ぜる。

❹

蜜蝋が完全に溶けたらお湯から取り出してガラスの棒でかき混ぜながら冷ます。

❺

④の色が変わってきたら精油を垂らしてよく攪拌する。

❻

遮光ビンに移して完全に冷えたら蓋をする。作った日付や内容がわかるようにラベルを貼る。

wan!
Point

精油は100%ピュアオイルを使用してください。使う際は製品の注意事項等を必ずよく読み、守りましょう。また、芳香浴は3カ月以上、マッサージは6カ月以上から行いましょう。

try!❷ アロママッサージのコツ　全身マッサージ編

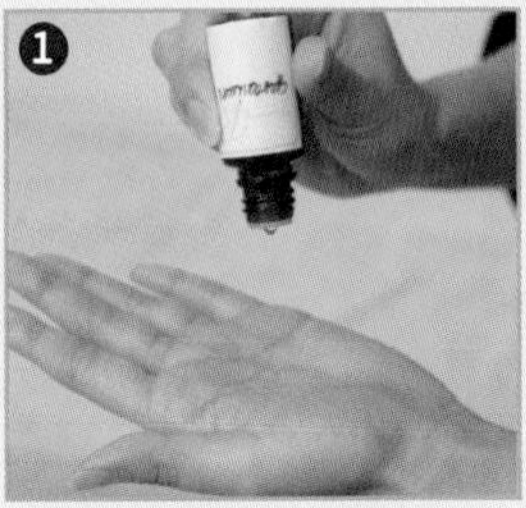

手のひらに少量のマッサージオイルをつけてゆっくり温めます。ワンちゃんが香りを嫌がるようならやめましょう。

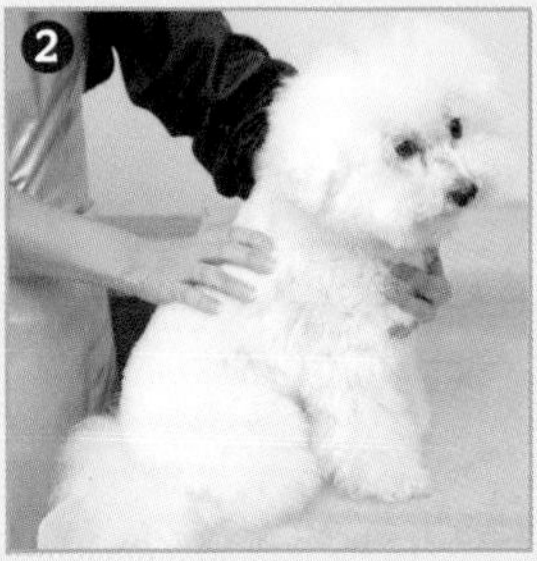

背中から毛並みに沿って、ゆっくりとなでるようにマッサージ。

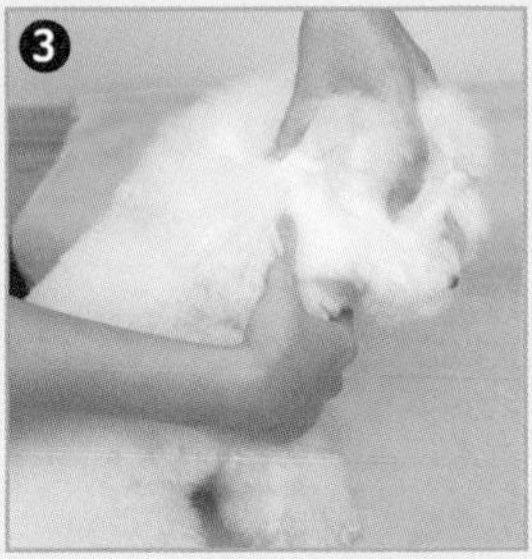

耳の根元を持ち、ゆっくり先の方に向かって絞るようにマッサージします。

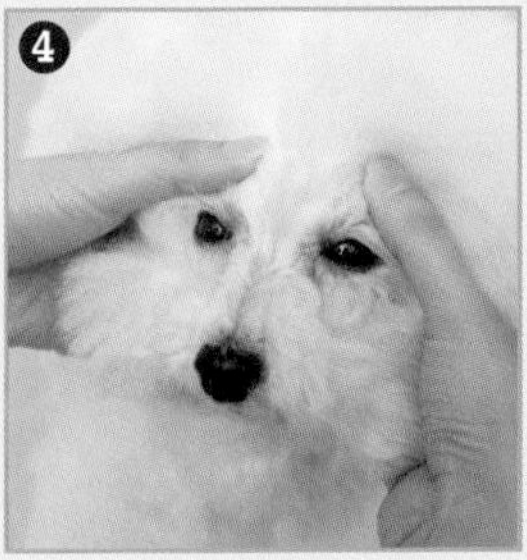

両目の上あたり、首の付け根を軽くほぐします。

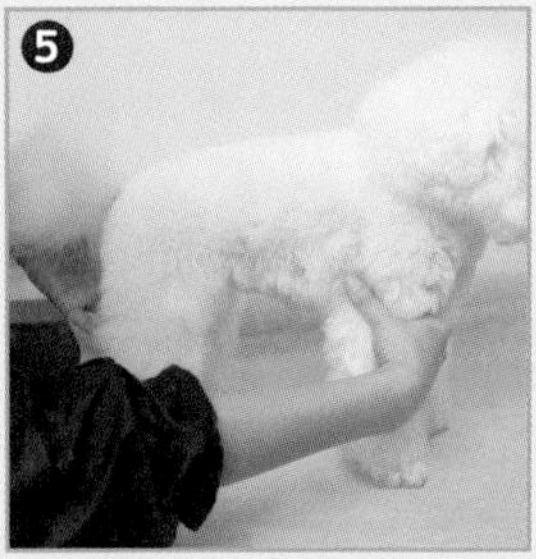

足の付け根は優しく手のひらで筋肉をもむようにしましょう。

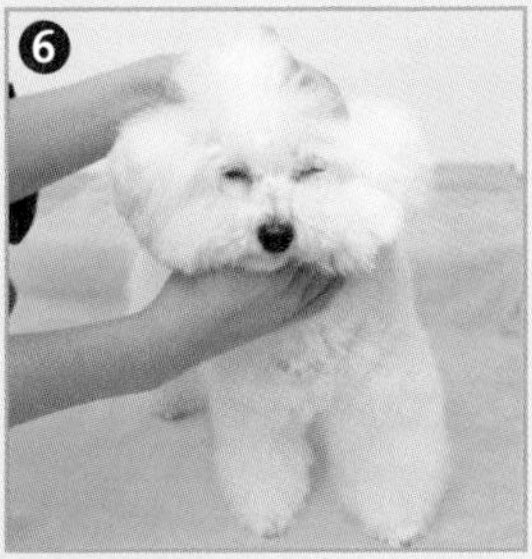

マッサージが終わったらなでてほめてあげます。

try!❸ アロママッサージのコツ　パッドマッサージ編

ワンちゃんの肉球は走ったときやジャンプしたときの衝撃を和らげたりする部分で、人間であれば、常に外を裸足で歩いている状態。ですから、ワンちゃんの肉球ケアはかかせません。散歩の後は足を洗って、クリームを塗ってマッサージをしてあげましょう。

肉球に円を描くようにマッサージクリームをすり込みます。ワンちゃんが暴れないように1本ずつ慎重に。

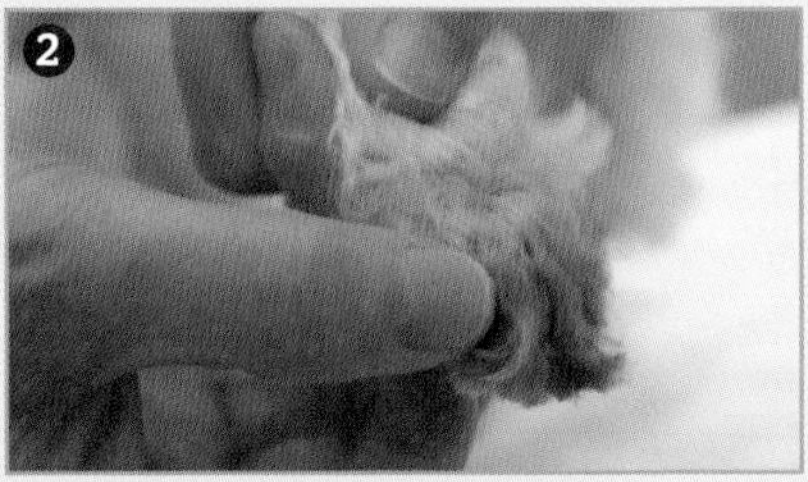

爪の生え際のマッサージも効果的。優しくなでる程度でOK。

wan!

Point

マッサージの順序は全体→部分→全体と覚えましょう。強い力でもむ必要はありません。優しく触れるような気持ちで行ってください。マッサージをするときは、ワンちゃんに言葉をかけながら行いましょう。飼い主さんとワンちゃんとの距離がグッと近くなりますよ。

アロママッサージは6カ月以上のワンちゃんで

ワンちゃんとのコミュニケーションの一つとして取り入れたいアロマを使ったドッグマッサージ。けれど、6カ月未満の子犬にアロママッサージをするのはNG。子犬のころは、まず身体に触れられることに慣れてもらいましょう。身体のどの部分を触っても嫌がらないワンちゃんになって、6カ月以上過ぎたころを目安にアロマを使ったドッグマッサージをはじめましょう。

ドッグマッサージをするときは「優しく、丁寧に」を心がけましょう。特に身体の小さいトイ・プードルは、飼い主さんが「気持ちいいな」と感じる強さを「痛い」と感じてしまうことも。優しくなでるような気持ちで行うこともコツの一つです。また、ワンちゃんが嫌がっているのに無理に行うことも避けましょう。ワンちゃんが「気持ちいいな、楽しいな」と思うように、少しずつ慣らしていきましょう。

オリジナルブレンドのマッサージオイルを作るときに気をつけるポイントとしては、使う分だけ作ること。大量に作っても、手作りのオイルは長期間保存がきかないため、酸化してしまいます。もし残ってしまった場合は冷暗所に保存し、できるだけ早く使い切ってください。もし作ったときと違う匂いがしたらオイルが古くなっている証拠です。その場合は拭き掃除の際に水をためた洗面器やバケツの中に数滴垂らすと香りが楽しめます。

コツ35

ワンちゃんにぴったりのアロマ

アロマを使うときは効能とワンちゃんが好きな香りかどうかを確認

日ごろのケアにアロマテラピーを取り入れると、愛犬も飼い主さんも心身ともにリフレッシュでき、しつけにも役立ちます。

精油はいろいろありますが、ワンちゃんの体調に合わせて使いわけましょう。

疲労回復

- ゼラニウム
- レモングラス
- ペパーミント
- ローズマリー

除菌・消臭効果

- レモン
- ローズマリー
- ペパーミント
- ラベンダー
- ユーカリ
- ティートリー
- ニアウリ

ワンちゃんのしつけにもアロマは効果的

アロマの香りは疲れを癒してくれるだけではなくワンちゃんのしつけの際にも効果的です。緊張するワンちゃんには元気の出るレモンやオレンジ、ゼラニウム、興奮するワンちゃんには鎮静効果のあるラベンダーやサンダルウッドなどを使うのがおすすめです。お留守番をさせる際や車に乗せるときなど、アロマの香りを利用す

◆精油の効能別分類

◎身体を活性化

●ティートリー
●ジュニパー

◎気分の落ち込みを解消

●ローズ
●ネロリ
●オレンジ
●ベルガモット
●グレープフルーツ

◎リラックス効果

●ラベンダー
●イランイラン
●カモミール
●ベルガモット
●マジョラム
●クラリセージ
●ジュニパー
●サンダルウッド
●フランキンセンス

NG こんなときのワンちゃんに使ってはいけない精油

●てんかんのあるワンちゃんにはNG
…ローズマリー、ユーカリプタス

●腎疾患がある場合はNG
…ジュニパーベーリリ

●外出時は使用を控えた方がベター
…柑橘系　光毒性あり

るとワンちゃんはもちろん、飼い主さんも、その香りでリラックスすることができます。ただし、中にはワンちゃんに使ってはいけない精油もあるので注意しましょう。また、ワンちゃんが香りをかいで顔をそむけたり、嫌がるしぐさをした場合は、その香りは避けましょう。

　空気中に香りを拡散させる芳香浴は、安全面を考えると電気式のアロマライトがおすすめです。器具が無い場合は、マグカップにお湯を入れ、精油を数滴垂らすだけでも、十分に楽しめます。行う際は、ワンちゃんの手の届かないところに器具を置きましょう。

コツ36

トリミングサロンの利用法

カットの希望は明確に プロの意見もよく聞くこと

トイ・プードルのキュートなルックスはカットが決め手。信頼できるトリミングサロンを見つけて、理想のスタイルを実現してもらいましょう。

成長段階に見合ったスタイルを探そう

　トイ・プードルの被毛はシングルコートで抜けにくい性質のため、4～6週ごとに1度、家庭でお手入れしていても、2カ月に1度はサロンでのトリミングが必要です。最近ではマイクロバブルバスやアロママッサージなどドッグエステを体験できるお店も増え、ただカットやシャンプーのために行くのではなく、ワンちゃんの美しさを保つために行くという飼い主さんも少なくありません。ただし、子犬のトリミングサロンデビューは生後3カ月～4カ月以降なので、飼い主さんはよく覚えておきましょう。

　お店選びで重要なのが自宅からの距離や送迎サービスの有無、メニューの内容・価格など住んでいる環境と経済的な状況に見合うかどうか。料金は地域やお店によって異なりますが、通常なら8000円前後と考えておきましょう。料金が安すぎる場合はシャンプーの質な

トリミングサロンの選び方

- 清潔で、空気がクリーンか
- スタッフが明るく、親切か
- トリミングルームが見えるか
- トリミング前にカウンセリングがあるか
- 相談や質問に適切なアドバイスをくれるか
- ワンちゃんの扱いが丁寧か
- ペットホテルが併設されているか
- ひどく汚れたワンちゃんへの対応が適切かどうか。
- しつけや健康状態のアドバイスがもらえるか

ドッグエステを受けてみよう（生後6カ月〜9カ月以上から）

アロママッサージ

ワンちゃんの体調に合わせたアロマオイルでマッサージ。身体の疲れが取れるのはもちろん、アロマで心もリラックスできます。

※施術は生後6カ月以上のワンちゃんから

マイクロバブルバス

空気を閉じ込めたきめ細かい泡が毛穴の奥まで届き、汚れをかき出します。マッサージ効果で新陳代謝も活発になります。

ど、どこかでコストを抑えている可能性があるので、よく検討してみることをおすすめします。

　ワンちゃんを好みのスタイルにしたい場合は「かわいい感じで」や「ちょっと長めに」などのように曖昧にせず、飼い主さんの希望を明確に伝えましょう。子犬から成犬になるまでの成長過程で体の大きさはもちろん、毛質や毛量なども変化していきます。その都度、トリマーさんと相談し、そのときのワンちゃんの身体や顔のバランスにあったスタイルを探しましょう。

　ワンちゃんをトリミングサロンに連れていくためにはいくつか守らなくてはならないルールとマナーがあります。「噛み癖・ムダ吠えがある」、「発情期またはその前後」、「ノミやダニなどの予防や駆除をしていない」、「ワクチン・狂犬病の予防接種が済んでいない」、以上のことが守られていない場合は入店を断られる場合があります。また、マーキング癖があるワンちゃんの場合はマナーベルトを着用する、飼い主さんがワンちゃんのコントロールに自信がない場合は、店内でもリードを離さないなど、最低限のマナーを守ることが大切です。

こんなときどうする?

お手入れの悩みQ&A

Q ワンちゃん用の洋服を買いたいのだけれど、近くにおしゃれなお店がない…

A せっかくだから、首輪もリードもお洋服もとことんこだわってかわいいものを買いたいですよね。近くにお店があれば一番いいのだけれど、そうはなかなかいかないもの。そんなときは、ネットショッピングを活用しましょう。中にはオーダー制を取り入れているお店もあり、世界で1点だけのお洋服を作ることもできますよ。

Q 口周りの毛の色が変色してしまいます。

A ワンちゃんの口の周りはごはんを食べたり、水を飲んだり、とても汚れやすい場所。汚れをそのままにしておくと、涙やけのように被毛が変色してしまいます。一度変色してしまうと、シャンプーでもなかなか落ちません。せっかくのかわいいお顔もこれでは台無し。食事の後は、タオルでこまめにふいてあげましょう。それでも変色してしまう場合は、ハサミを使って汚れた部分のみをカットしましょう。

Q マッサージに使うアロマですが、ワンちゃんの体質に合うかどうかをどうやって判断すればいいですか?

A 人間よりもワンちゃんの皮膚はとってもデリケート。最初から、マッサージに使うのではなく、体質に合うかどうかを、まずはパッチテストで判断してください。方法は足の内側に使用するマッサージオイルを少量塗るだけ。かぶれやかゆみなどがなければ使用してOK。マッサージオイルは必ずベースオイルで0.5%以下に希釈して少量を使用し、アロマオイルは直接皮膚につけないようにしましょう。

4 楽しく一緒に暮らすために、幼少期からのしつけ

子犬を迎えてからすぐにはじめたいパピートレーニング。トイレトレーニングをはじめ
「マテ」「オテ」など人間と暮らすために必要なしつけの方法を紹介。

コツ37

しつけの前に知っておきたいこと

ワンちゃんの特性を学ぶことで トレーニング上手な飼い主に

長く一緒に暮らしていくために必要なトレーニングをはじめましょう。実践するその前に、飼い主さんに覚えていてほしい、しつけの心得を紹介します。

いい子に育つ、3つの条件

①ワンちゃんが飼い主さんの指示をしっかりと守ることができる

②ワンちゃんは飼い主さんが名前を呼んだら、すぐに足元に来ることができる

③足先や耳、しっぽなど体のどの部分も自由に触ることができる

あなたが愛犬の〝親〟となりましょう

群れをなす動物は、統制をとるためにリーダーを選び、縦社会をつくります。また、群れをつくることで狩猟をし、敵から身を守ってきました。ワンちゃんの祖先はオオカミですので、もちろん群れをなす動物です。遊んでいる中でも、遊び相手の強弱で自分の力をはかり、順位を付けるのです。まずはしつけの中で、飼い主さんがワンちゃんをコントロールすることを教えなくてはならないのです。

トイ・プードルはそのかわいらしい姿もあり、なかなか厳しくなれないかもしれません。しかし、その〝甘やかし〟がワンちゃんにとっては「こいつは頼りないぞ、ぼくがしっかりしなくちゃ」と勘

トレーニングはホップ・ステップ・ジャンプの3段階

❶言葉で指示
↓
フードで誘導し、指示した行動を教える
↓
上手にできたらごほうびを与える

❷言葉で指示
↓
フードなしで誘導、指示した行動を手で合図し、教える
↓
上手にできたらごほうびを与える

❸言葉だけで指示
↓
うまくできたら
ごほうびを与える

↓ 最終目標は

ごほうびがなくても、言葉だけの指示でできるようになること！

違いしてしまう要因となるのです。愛するワンちゃんと楽しく暮らすためには、まずは飼い主さんがしっかりと犬の本能を理解しましょう。

確実にマスターしてもらうために

❶トレーニングの約束

次ページからはじまるトレーニング方法を読む前に覚えてほしいのが、ワンちゃんは言葉がわからないということ。1度や2度だけでは、当然覚えることなどできません。うまくできなくても感情的に叱ったりせず、根気よくじっくりと時間と愛情をかけて教えてあげてください。

❷ごほうびの与え方

度々“ごほうび”という言葉がでてきますが、これはおやつやフードのことを指します。ここで、気をつけたいのがごほうびの量です。食事とは別にトレーニング中にたくさん与えてしまってはワンちゃんもお腹がいっぱいになりますし、飼い主さんだって愛犬を肥満にさせたくないですよね。そこで、おすすめなのが1日に与える食事の量からトレーニング分のごほうびを与えていくという方法です。トレーニング1回につき、おやつであれば一かけら、フードは一粒と決めてください。この一かけらとは、人間の小指の第一関節程度の大きさが目安。最近では、動物のスジ肉や軟骨を使ったおやつが多く販売していますが、大きいまま与えると、のどにつかえたり、食道内に詰まり飲み込めなくなる「食道梗塞」を起こす危険も。ほかにイモ類やトウモロコシもその可能性があります。必ず一かけらの目安を守って与えましょう。うまくできなかったときはごほうびを与えず、最初からやり直しましょう。また、ごほうびを与えるだけでなく、成功したら「グッド」と言って、そっと優しく、毛の流れに沿ってなでてあげましょう。

❸指示する言葉は統一すること

トレーニング中に使う指示の言葉は一つに絞ることが肝心です。「マテ」なら「ウェイト」、「オスワリ」なら「スワレ」や「シット」がありますが、いつも同じ言葉にしないとワンちゃんが混乱して、指示に応えないことがあります。家族や複数の人間がいる家で飼う場合も同様に、全員が同じ言葉を使うようにしましょう。

コツ38

トイレのしつけ

自己流で教えずに成功の秘訣をしっかりと踏まえてトレーニング！

トイレトレーニングは幼少期から必要なしつけです。失敗しても怒ってはだめ。成功したらたくさんほめてあげることが上達への近道です。

失敗は当然のこと叱らずに大らかな気持ちを持ちましょう

子犬を迎えたら最初に覚えさせなくてはならないのが、トイレのしつけです。子犬のうちからしっかりと教えないと部屋のあちこちでオシッコをしてしまいます。そうなると失敗をする度にワンちゃんを叱ることになってしまいますよね。これでは、ワンちゃんも飼い主さんもお互いにストレスがたまることでしょう。また、毎

覚えておこう！トイレトレーニング成功の秘訣

失敗を叱るのはNG！とにかくほめてあげましょう

トレーニング中にトイレ以外の場所で粗相をしてしまっても怒ったり、叩いたりしてはいけません。ワンちゃんは「せっかく排せつができたのになんで怒られるの?」と考え、飼い主に隠れてトイレをするようになってしまうからです。失敗しても叱らず、黙って片づけてあげましょう。

成功したときはたくさんほめてあげましょう

きちんと決められた場所でトイレができたときはほめてあげましょう。その際、優しく、毛の流れに沿ってなでてあげましょう。ごほうびにフードやおやつをあげるのもよいでしょう。

失敗した場所はすぐに掃除と消臭をしましょう

においを残してしまうと、ワンちゃんはその場所をトイレだと勘違いしてしまいます。粗相をしてしまったら、すぐにきれいにしましょう。

トイレシーツは大きいサイズを選びましょう

最初は大きいサイズを購入し、その上に小さいサイズを敷き詰めて使うと、トイレをしたところだけ小まめに取り替えることができて便利です。

トイレは常に清潔に保ちましょう

汚れたトイレは不衛生というのは当然ですが、家の中ににおいがこもってしまう原因にもなります。

お家でも、外でもトイレができる子になりましょう

お家でも外出先でもトイレができると、お出かけの際も、天気が悪くてお散歩に出かけられない日も安心。決まった指示を聞けば、トイレシーツの上でできるようになるのが目標です。

お散歩デビューしても、室内トイレはそのまま

外で排せつすることが増えても、トレーニングで使っていたトイレトレーはしまわずに、そのまま置いておきましょう。

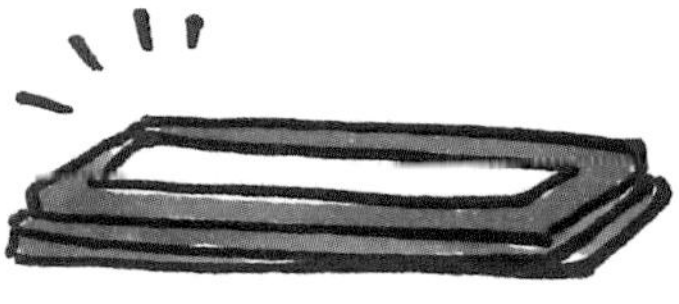

トレーを外して、トイレシーツだけを敷く

トイレシーツだけを床に敷いて、上手にトイレができるようにします。ワンちゃんが「いつもと違うぞ?」と戸惑っているようなら、飼い主さんが誘導してあげましょう。

お散歩中のトイレもトイレシーツの上で

お散歩のときもトイレシーツを持参。ワンちゃんに排せつのサインが見られたら、トイレシーツを敷きます。上手にできたらたくさんほめて、ごほうびを与えましょう。

日怒られることで、ワンちゃんは部屋の中でトイレができなくなってしまうこともあります。一日に何度も外へ連れていかなくてはならなくなり、飼い主さんも大変です。最初からうまくできる子はいません。失敗してもあきらめずに何度もトレーニングをくり返しましょう。そして、ワンちゃんが上手にトイレができたときはたくさんほめてあげましょう。

トイレのタイミングを読み取ろう

ワンちゃんのトイレのサイン

❶ 床や周辺のにおいをクンクンかぎ出す。

↓

❷ 急にソワソワしたり、ウロウロと歩き回る。

↓

❸ その場でクルクルと回り出すと排せつのサイン。飼い主さんは素早くワンちゃんをトイレへ誘導しましょう。

ワンちゃんの排せつのタイミング

目が覚めたとき
朝起きたときすぐや、お昼寝から起きた直後などはオシッコがたまっている状態です。

楽しく遊んだあと
遊んで興奮したときは、排せつの時間の間隔が短くなります。

ごはんを食べたあと
満腹になると腸の動きが活発になり、オシッコやウンチが出やすくなります。

水をたっぷり飲んだあと
たくさん水を飲んだ後はオシッコが出やすい状態です。

においをかいだりウロウロ歩き回ったらトイレのサイン

ワンちゃんは本来きれい好きで自分の寝床では排せつはしない習性だということを、飼い主さんはまず覚えておきましょう。次のページから紹介するのは、ワンちゃんの習性を生かしたトレーニング方法です。部屋で放し飼いをしている場合はタイミングを逃して失敗しやすいので、まずはサークル内で覚えさせるのが基本です。最初はサークル内のすべてにトイレシーツを敷き、最終的にトイレシーツ一枚でトイレができるようになるのが目標。トイレの兆候があったらサークルに入れるようにしましょう。

ワンちゃんの排せつのサインとタイミングですが、今まで楽しく遊んでいたのに、突然ソワソワしはじめたり、急に床や周りの匂いをかぎはじめたときは排せつの可能性が高いです。タイミングはワンちゃんの月齢に1時間をプラスした間隔が目安といわれていて、例えば生後3カ月のワンちゃんの場合は4時間置きに排せつのタイミングがくる計算になります。ただし、その時のワンちゃんの状況によって前後する場合があるので、飼い主さんはよくワンちゃんの様子を観察しておきましょう。

こんな時どうする?トイレのトラブル対策

Q なかなかトイレを覚えてくれません…

A サークルで飼う場合とサークルやケージを使わず、放し飼いをする場合に分かれますが、一般的に放し飼いをしている子ほどトイレを覚えるのが遅い傾向があります。サークルを利用すると早ければ1週間、遅くても1カ月もあればトイレを決まった場所でできるようになります。放し飼いをしているワンちゃんもサークル内のトイレを利用して3〜4時間おきに入れてあげましょう。くり返し行うことでワンちゃんもトイレの場所を覚えるようになります。

Q 自分のウンチを食べてしまうのですが…

A 子犬が食フンをしてしまうというのはよくあることです。これには、退屈だから食べてしまう、しつけの失敗などいくつかの原因があげられます。食フンをしているところを飼い主さんが見つけてしまい、大きな声をあげて注意すると子犬は自分のフンを食べることで、遊んでくれる、かまってもらえると勘違いして覚えてしまう場合もあります。また、それとは逆にトイレ以外でウンチをしてしまったときに叱られたことが恐怖となって、見つかったらまた叱られると思い、隠すために食べることもあります。トイレトレーニングを徹底して、ウンチをしたときはすぐに片づけるよう心がけてください。

Q トイレシーツをかじってしまうのですが…

A ワンちゃんは退屈しているとトイレシーツをおもちゃとしてかじって遊ぶことがあります。やめさせるには、ほかのおもちゃを入れておいたり、コングを与えるのがベストです。

Q トイレに行くタイミングを教えてください

A P112の通り、ワンちゃんはトイレに行きたいと感じると、そわそわと落ちつきのない様子になります。加えて、ウンチをしたい場合はにおいをかぎ回る動作をします。最初のうちは目を離さず、イラストのようなしぐさが見られた場合はサークルに入れましょう。

✓コツ39

実践編！クレートとサークルを使ったしつけ

ごはんを食べた後や起きた後を狙って、トレーニングを

クレートとサークルを使うのはワンちゃんにとって、非常に効率のよいトレーニング法。はじめてワンちゃんを迎える飼い主さんには特におすすめです。

準備

サークルの中にトイレシートを敷き詰めます。サークルの横には、クレートを置いておきましょう。

try! 1

まずはサークルとクレートを利用したトレーニングから。クレートに入ることを一緒に覚えれば、外出時などに便利で、まさに一石二鳥のトレーニング方法です。

❶

ごはんを与えたあとや眠りからさめたときがトイレのタイミングです。子犬をサークルに入れ静かに見守りましょう。

❷

子犬がトイレシートのにおいをかぎ出し排せつをはじめたら、排せつの合図の声をかけましょう。

❸

上手にトイレができたときは「グッド」とほめて、フードを与えます。

❹

トイレのあとはサークルの外に出して、遊びましょう。

❺

たっぷりと遊んだら、クレートまで誘導します。

❻

上手にクレートに入ったら、ほめながらフードを与えます。

❼

クレートの扉を閉めてしまいます。

❽

ワンちゃんがおとなしくできたら、ほめてフードを与えます。

❾ ①〜⑧をくり返し行い、慣れてきたら次のステップへ進みます。

try! 2 クレートの出入りをできるようにするトレーニング

❶

ワンちゃんにリードを付け、サークルまで誘導します。

❷

サークルに入ったら、TRY1と同様に排せつの合図の声をかけて排せつさせましょう。

❸

上手にトイレができたらほめながら、フードを与えます。

❹

たくさんほめたらサークルから出して、遊んであげましょう。

❺

遊んだ後は、リードでクレートまで連れて行きます。

❻

①～⑤をくり返し行い、ワンちゃんが自分でクレートに入れば成功です。

wan! Point

トイレトレーニングに慣れてきたら、長時間のお留守番をさせてみましょう。サークルの扉にクレートの扉部分を合体させ、ワンちゃんが自由に行き来できるようにしておきます。これなら、いつでもトイレに行くことができます。最初は30分程度、留守番をさせて、それから徐々に時間を延ばしていきましょう。

このトレーニングの最終的な目標はサークルを外して、トイレトレーの上でトイレができるようになること。成犬になっても、大きなサークルにトイレシートを敷いたままではいけません。成功率が上がってきたら、徐々に1面ずつサークルを取り外していき、トイレシート、トイレトレーの順でトイレの場所を縮めていくのがベストです。

コツ40

実践編！サークルだけを使ったしつけ

3つのゾーンに分けて、トイレの場所を徐々に縮めていくのがコツ

このトレーニングは留守がちな飼い主さん向けです。サークルの中にベッドも置くので、一つの場所でしつけが行えるのが特徴です。

ワンちゃんの習性を生かしたトレーニング

トイレの失敗例に多いのがしつけが完全に入っていないのに、広いスペースで放し飼いにしているということ。まずは、狭い範囲でしっかりとトイレトレーニングを積み、それから徐々に活動範囲を広げていかないことには、同じことのくり返しです。

そもそも、ワンちゃんには自分の寝床では排せつをしない習性を持っています。

サークルのみを使用したトレーニングは、その習性を最大限に生かしたもの。行動範囲がサークルの中だけに限られるので、飼い主初心者の人には特におすすめです。

サークルの中は寝床、トイレ、食事をする場所の3つのスペースに分けます。サークルの中でトイレができるようになれば、広いスペースに放し、失敗するようであれば、サークルの練習に戻るようにしましょう。

準備

サークルの中にトイレシートを敷き詰めます。サークルの隅には犬用のベッドを置いておきましょう。大きめのサークルを使い、寝るスペースが全体の2割、トイレシートが8割くらいになるのがベストです。

try!

サークルを使って、トイレトレーニング！

❶

サークルの中にワンちゃんを入れます。この時、トイレシートゾーンに入れるようにしましょう。

❷

ワンちゃんが排せつをしはじめたら、合図の声をかけます。

❸

上手にトイレができたら「グッド」と声をかけてほめて、ごほうびにドッグフードを一粒与えましょう。

❹

サークルの扉を開けると、トイレを済ませたワンちゃんが自分から出てきます。

❺

ここで、おもちゃなどでたっぷりと遊んであげましょう。

❻

遊んだ後はおもちゃやフード、おやつを使ってサークルへ誘導します。

❼

2〜3日間、①〜⑥をくり返し行いましょう。

❽

だんだんと慣れてきたら、トイレシートの枚数を減らしていきます。最初はベッドの下に敷いたシートを外しましょう。

❾

サークル内のトイレシートゾーンが全体の1/3程度になったら、寝る場所とごはんを食べる場所、トイレの3つの場所に分けます。

❿

最後にシートを敷いたトイレトレーの上で排せつが行えるようになれば成功です。

wan!

Point

このトレーニング方法は、脚にトイレシートの感覚を覚えさせ、この場所でしかトイレをしないようにしつけられます。犬は本来、自分の寝床ではトイレをしないので、何度も教えているうちに自然とトイレシートの場所でのみ排せつを行うようになります。

サークルはどこに置く？

P30で紹介したように、サークルは人のいる場所に置くのがベスト。しかし、ワンちゃんは人の気配を感じると落ち着いて寝られない場合があるので、そのときはサークルの面を毛布などで覆うようにしましょう。

コツ41

ハウス【サークルトレーニング】

サークルに入れば"いいこと"があると思わせることが大切

人間に寝床や食事の場所があるようにワンちゃんにも当然、そのような場所が必要です。サークルはワンちゃんにとっての「生活の場」なのです。

まずはサークルの準備から

1. サークル
2. トイレシート
3. ペット用ベッド
4. おもちゃ
5. フードボウル

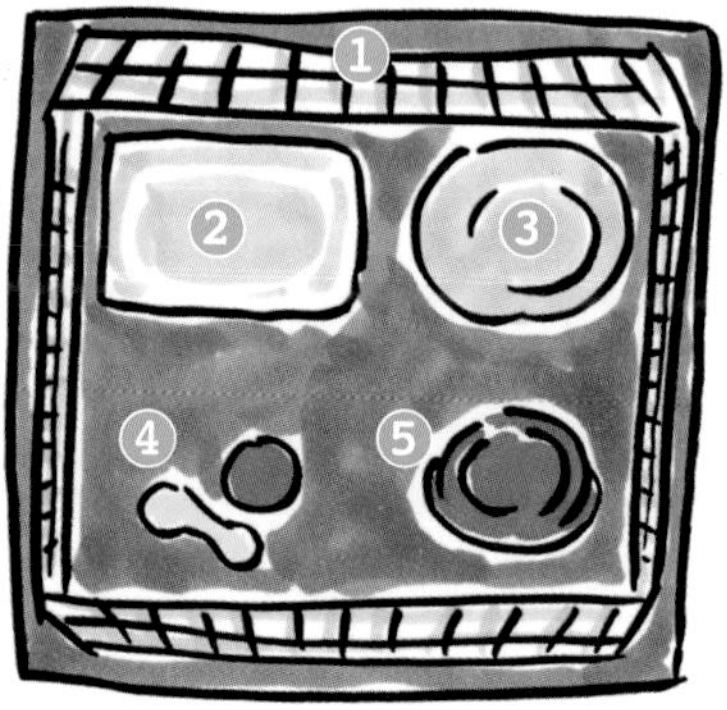

イラストのように「寝る場所」「ごはんを食べる場所」「トイレの場所」とそれぞれのスペースをつくってあげることが大切です。

サークルはワンちゃんにとって安心できる場所

サークルはワンちゃんにとっての部屋になります。中には、放し飼いにしたいという飼い主さんもいますが、これではワンちゃんが落ちつける場所がなく、不安になってしまうことも。不安からストレスを感じ、ムダ吠えをしたり、トイレトレーニングにも影響をきたすことがあるのです。その点、サークル飼いだと、ワンちゃんのテリトリーが決まっているので、比較的スムーズにトレーニングが行えます。ワンちゃんを迎えたその日から、サークルに入れておく習慣をつけましょう。

try!

サークルに入るトレーニング

❶

ワンちゃんに首輪を付けて、ごほうびのにおいをかがせてから、そのままハウスの中に誘導します。

❷

誘導する際は「ハウス」という言葉をくり返し伝えます。この時はまだ首輪はつかんでいてください。

❸

ベッドの場所にごほうびを置き、首輪を離します。

❹

ハウスにワンちゃんが入ったら、飼い主さんはハウスの中に手を入れて、ワンちゃんをなでてほめましょう。

❺ ①～④をくり返し行うことで、「ハウス」の声だけで入るようになります。ワンちゃんを休ませるときは、サークルの扉を閉めてください。

wan!

Point

ワンちゃんがサークルの中を快適な場所だと思えるよう、お気に入りのおもちゃなどを入れておきましょう。はじめは短い時間から、少しずつ時間を延ばしていくのがコツ。ワンちゃんが嫌がるようなら、すぐにサークルから出しましょう。

トレーニングはごほうびを使ってゲーム感覚で

ごほうびとなるフードをベッドの上に置いておく方法や、サークルの中にフードを一粒ずつ投げ込み、ワンちゃんが追いかけて食べる方法など、ワンちゃんが楽しめるようなゲーム感覚のトレーニングをすると、よりサークルが好きになります。サークルにはワンちゃんのお気に入りのおもちゃを入れておくと、自分から進んで中に入って遊びだします。ベッドの下にフードを隠しておき見つけ出してもらうのも、ワンちゃんにとって楽しい遊びの一つになります。

サークルはワンちゃんにとって「安心できる部屋」です。サークルが気に入れば、夜に眠るときも、突然の来客も、長時間のお留守番も自分の部屋で待てるようになり、飼い主さんもワンちゃんもお互いに安心です。

✓コツ42

ハウス【クレートトレーニング】

ペット用のベッドの替わりにクレートを利用するのもおすすめ

クレートトレーニングを積めば、車や電車での移動や災害時にワンちゃんに怪我をさせず、周囲にも迷惑をかけずに移動することが可能です。

クレートは遠出する際にも便利

サークルトレーニングとともにぜひマスターしたいのがクレートトレーニング。クレートはワンちゃんと遠出の旅行に出かけるときや、病院へ行くとき、また災害時の避難の際にとても役立ちます。

クレートトレーニングで大切なことは、ワンちゃんにとってクレートが「静かで落ちつける場所」と認識してもらうこと。ですから、ワンちゃんが不安になるような教え方は避け、喜んでクレートに入ることができるような教え方をしましょう。サークルにペット用のベッドを置くのではなく、ワンちゃんの寝床をクレートにするのもおすすめです。

最初は頭を入れただけですぐに出てきてしまう場合もありますが、そんなときも無理矢理入れてしまうのはNG。まずはクレートの下の部分だけを使って、徐々に上の部分をかぶせながら、最後に扉を閉めるという、段

try! 1

❶

まずはクレートの下の部分だけを使います。おやつやフードを鼻先に持っていき、ワンちゃんににおいをかがせます。

❷

そのまま手をクレートの方へ持っていき、ワンちゃんを誘導します。

❸

クレートの中にワンちゃんが上手に入れたら、「グッド」とほめてごほうびをあげましょう。

wan! Point

最初から暗くて狭いクレートの中に閉じ込めてしまうのはNG。恐怖心を持ってしまうと、クレートに入ってもらうことができません。飼い主さんは焦らず、少しずつ、段階を経て慣らしていきましょう。

try! ❷

❶

上の部分を少しずつかぶせながら、TRY1と同様にごほうびで誘導します。

❷

完全に上の部分をかぶせ、TRY1と同じトレーニングを行います。正面だけでなく横や後ろからごほうびをあげるとよいでしょう。

❸

①、②、ごほうびでスムーズにクレートに入るようになれば、次はごほうびなしで誘導します。その際、「ハウス」と指示しましょう。

❹

完全に「ハウス」ができるようになって、はじめて扉を閉めます。最初はすぐに開けること。徐々に閉める時間を長くしていきましょう。

wan! Point

扉を閉めるのはきちんと「ハウス」の指示を聞くようになってから。ただし、激しく鳴いたときに扉を開けてしまうのは避けましょう。「鳴けば開けてもらえる」と思い、いつも大きな声で鳴いたり、吠えたりしてしまうようになります。そんなときは一度別のもので気をそらして落ちついてから、出すようにしましょう。

階を経たトレーニングで慣らしていきましょう。クレートの中にもサークルと同様に、お気に入りのおもちゃを入れておくとよいでしょう。さらに、ワンちゃんの匂いのついたタオルを敷いておくと、より安心できる場所と認識してくれるようになります。

コツ43

アイコンタクト

ごほうびを自分の顔に近づけ ワンちゃんの視線を集中！

飼い主さんと視線を合わせる「アイコンタクト」は「スワレ」や「マテ」など、基本のしつけを教えるときに大切なトレーニングです。

危険な場面を未然に防ぐことが可能

すべての訓練の基礎となるアイコンタクトは飼い主さんがリーダーであるということを理解させる意味で大変重要です。アイコンタクトを習得すると、危険な場面に巻き込まれそうになったときに名前を呼んだだけで、行動を制止し、飼い主さんの方を向くようになるので、大きな事故に巻き込まれずに済むという場合もあります。子犬時代からこの訓練をしっかりと行っているワンちゃんはどんな場所にも安心して連れて行くことができます。

ワンちゃんがなかなか目を合わせてくれない場合は、飼い主さんの目を見るまで静かに待ちましょう。目が合ったらほめて、ごほうびを上げましょう。気を付けたいのは無理に視線を合わせないということ。ワンちゃんの顔をのぞき込んで目を合わせようとしたり、ワンちゃんの目線に合わせにいったりしないようにしましょう。

try! ◆実践編　アイコンタクトトレーニング

❶

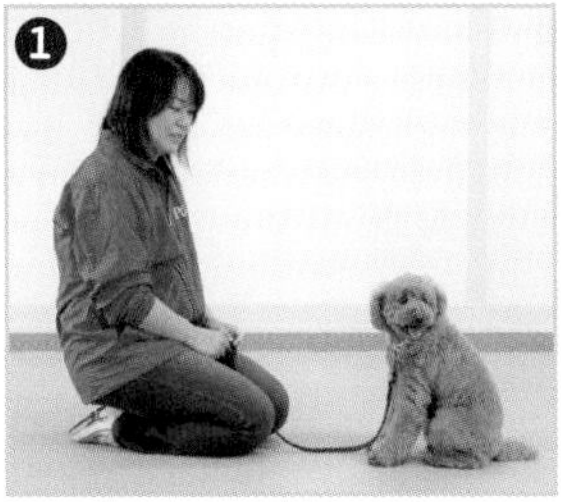

飼い主さんは座って、ワンちゃんに「オスワリ」させます。

❷

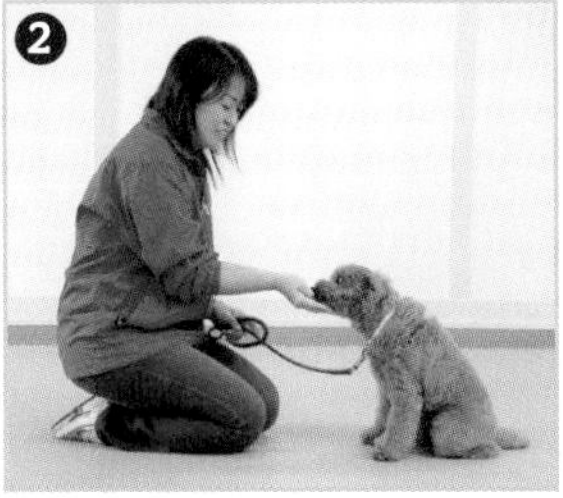

手の中にフードやおやつを持ち、1度ワンちゃんに手の中のにおいをかがせます。

❸

ワンちゃんに「見て」と指示しながら、自分の顔にごほうびを持った手を近づけます。

❹

ワンちゃんと飼い主さんの目と目が合えば「グッド」と言い、なでてほめてあげましょう。

❺

一通りほめてから、手の中のごほうびを与えます。

wan! Point

もし、ワンちゃんが飼い主さんの顔を見上げなければ、口笛を吹くなどして、ワンちゃんの注意を引きつけしょう。

ごほうびを使ったトレーニングが一通りできるようになれば、次は言葉の合図（ワンちゃんの名前を呼ぶ）を加え、最終的にはごほうびがなくても名前を呼んだだけでアイコンタクトができるようになれば成功です。

コツ44

モッテ・ダシテ

無理矢理口から出さずに自然と離すようになればOK

「モッテ」や「ダシテ」はおもちゃをくわえたまま、なかなか離さないワンちゃんや噛み癖のあるワンちゃんを持つ飼い主さんに役立つトレーニングです。

おもちゃをくわえて、飼い主さんに「遊んで」と駆け寄ってくるワンちゃんがいます。しかし、口からおもちゃを出そうとすると、なかなか出さないことがありませんか?また、食べてはいけないものをくわえたときに、焦って怒るとうなったり飲み込んでしまう子もいます。そんな時に「モッテ」「ダシテ」ができると、「奪われるのではなく、渡せば楽しいことがある」とワンちゃんが覚えるようになり、非常に便利です。

try!

❶

リードを持っている手の中におやつやフードを一粒入れておきます。

❷

ワンちゃんのお気に入りのおもちゃやボールなどを見せ、興味を持ってもらいます。

❸

飼い主さんの正面で「オスワリ」したら、おもちゃを口の前に出し「モッテ」とくわえさせます。

❹

「ダシテ」と言いながら、おもちゃを口から出させます。嫌がらずに出したら、ごほうびを与えます。

❺ ②〜④をくり返し行い、練習します。

wan! Point

なかなかワンちゃんが口からおもちゃを離さない場合は無理矢理口から出させるのではなく、そのまま無視しましょう。何かのタイミングで自分からおもちゃを離したら、ほめてあげましょう。無理矢理出すのは、自分のお気に入りのものを奪われると感じてしまったり、引っ張り合いをしてくれると勘違いする可能性があります。

コツ45

モッテオイデ

リードを付けて室内トレーニングから はじめるのが上達への近道

「モッテオイデ」はボールやフライングディスクなど、遊ぶことが大好きなワンちゃんにうってつけのトレーニングです。

主従関係を はっきりと させるのにも有効

「モッテ」「ダシテ」を覚えたら、次は「モッテオイデ」です。このトレーニングはアクティブな屋外での遊びの基本で、走ることが得意なトイ・プードルにはぴったりです。最初は室内で、近い場所から練習するのがいいでしょう。「モッテオイデ」は持つことはできても、それを飼い主に渡すという行動が難しく、習得するのも時間がかかります。「モッテオイデ」の動作がワンちゃんにとって遊びの一つだと思ってもらえるよう、飼い主さんも一緒に楽しみましょう。

try!

❶

手の中におやつやフードを一粒入れておきます。お気に入りのおもちゃを床に置き、ワンちゃんに「モッテ」と指示します。

❷

「モッテ」と指示しても、ワンちゃんが動かない場合はおもちゃを少し遠い場所に置きましょう。

❸

ワンちゃんがおもちゃをくわえたら、「オイデ」と呼びます。

❹

おもちゃをくわえて飼い主さんの元へ戻ってきたら、「グッド」となでてほめ、手の中に入れておいたごほうびを与えます。

❺ ①～④を何度もくり返し、「モッテ」と「オイデ」でスムーズに動けるようになれば、今度は「モッテオイデ」で練習しましょう。

wan! Point

最初の練習はおもちゃをくわえても、なかなか戻ってこない場合が多いので、リードを付けて行うのがおすすめです。リードを引きながら、「オイデ」と呼んで練習しましょう。

コツ46

オスワリ

指示の言葉は曖昧にせず的確に指示をしましょう

「オスワリ」は飼い主さんや社会とのコミュニケーションを円滑に運び、楽しいドッグライフを送るために必要な、しつけの基本中の基本です。

しつけの基本！しっかりと教えましょう

しつけと聞いて最初に浮かぶのが「オスワリ」。この指示はワンちゃんが社会性を身につけるための第一歩となります。「オスワリ」は興奮しやすいワンちゃんの人への飛びつきを防ぐことも可能です。注意したいのは「オスワリ」か「スワレ」なのかをはっきりとしておくこと。いつもバラバラの言葉で指示してしまっては、ワンちゃんが混乱してしまいます。指示の言葉はどちらか一つに統一しましょう。

try!

❶ 手におやつやフード一粒を持ち、ワンちゃんを呼びます。

❷ ワンちゃんの正面になるように座り、名前を呼んでアイコンタクトを取ります。

❸ 手の中にあるごほうびをワンちゃんの鼻先に持っていきます。

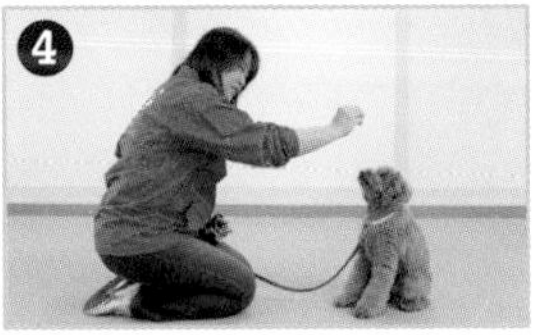
❹ 「オスワリ」と言いながら、ごほうびを鼻先から頭の上の方に持っていき、ワンちゃんが上を向くように誘導します。

❺ ごほうびにつられて鼻先が動き、ワンちゃんが座ったら「グッド」と言って背中をなでてあげましょう。

❻ 手の中のごほうびを与えます。

❼ ①～⑥をくり返し行い、「オスワリ」だけで座るようになればOKです。

wan! Point

なかなか座らないときは「オスワリ」と言いながら、ワンちゃんのおしりを軽く押します。おしりのカーブに沿うように手をあてて、優しくなでるように押すのがコツ。背中やおしりを真上からギュッと強く押しつけるのはNG。「オスワリ」を嫌なものだと感じてしまいます。

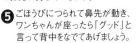

コツ47

オテ

「オテ」は足を乗せるだけ 優しく触れて徐々に慣れさせましょう

ワンちゃんが芸のために覚えるのが「オテ」ではありません！ 足先や肉球チェックをするときにとても役立つ、大切なトレーニングです。

try!

❶

あらかじめ、手の中におやつやフードを入れておきましょう。

❷

飼い主さんはワンちゃんの正面になるように座り、ワンちゃんに「オスワリ」と指示します。

❸

「オテ」と言いながら、ワンちゃんの片足を持ちます。このとき、足先を強く握りしめたりしないでください。

❹

片足を持ったまま、「グッド」といいながらほめて、ごほうびを与えます。

❺ ②～④をくり返し行い、「オテ」だけで足を上げるようになれば成功です。できたら、「グッド」と言いながらなでてほめてあげましょう。

「オテ」は立派なスキンシップの一つ

散歩中に肉球に何かが刺さってしまった場合、どうしても触って調べなくてはなりません。もし、触られるのが嫌なワンちゃんだと、暴れてしまい、さらに大変なことになる場合もあります。しかし、子犬のころから触られることになれておけば、飼い主さんも苦労することなく健康チェックができます。注意したいのは、足先を強く握りしめるのは、恐怖心につながってしまうので絶対にいけないということ。最初は軽く触りながら上下に振ったり、なでたりしましょう。

wan! Point

ワンちゃんは本来、足先を触られることを嫌がる習性があります。TRY❸でギュッと強く握りしめてしまうと、恐怖心につながるので、優しく触れるようにしてください。

コツ48

フセ

スキンシップの中に取り入れて楽しい遊びと覚えさせましょう

フセはお腹を地面に付けるため、嫌がるワンちゃんが多いトレーニング。お互いに信頼関係が成り立っていることが重要です。

「スワレ」をマスターしたら次は「フセ」

ドッグランやドッグカフェなどワンちゃんと一緒に行くときに、「フセ」の状態でおとなしく待たせることが必要になってきます。「フセ」は「スワレ」よりもワンランク上のしつけで、相手に攻撃の意志がないことを知らせるものです。優しくおとなしい性格のワンちゃんは比較的すぐにマスターできますが、気の強い性格の子は少し難しいことも。愛犬と楽しい時間を過ごすためにも必ず習得しておきたいしつけの一つです。

try!

❶ おやつやフードを持ち、ワンちゃんを自分の正面に「オスワリ」させます。

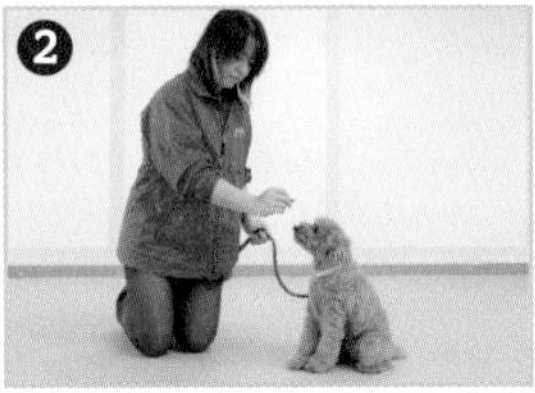

❷ 手の中のごほうびを鼻先に持っていき、「フセ」と指示しながら手を下げていきます。

❸ ワンちゃんはごほうびにつられて鼻先を下げ、「フセ」の姿勢を取ります。

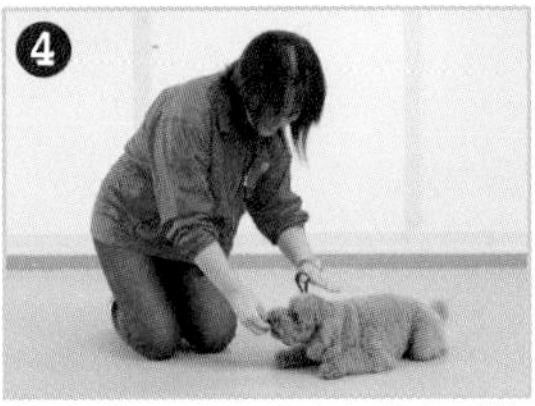

❹ 上手に「フセ」ができたら、「グッド」と言いながらなでて、ごほうびを与えましょう。

wan! Point

どうしても「フセ」の指示をきかない場合は飼い主さんの足の下をくぐり抜ける「トンネル遊び」や手で姿勢を誘導する「手くぐり」を試してみましょう。

4
楽しく一緒に暮らすために、幼少期からのしつけ

コツ49

タッテ

足を一歩踏み出すタイミングで指示を出しましょう

「タッテ」は立った状態でワンちゃんにおとなしくしてもらうための指示。
定期的なトリミングが必要なトイ・プードルはぜひ覚えさせましょう。

try!

1 飼い主はワンちゃんの横に立ち、「オスワリ」の指示を出します。

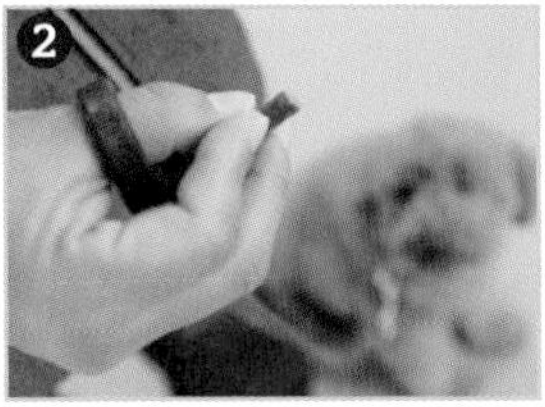

2 リードを持つ方の手の中におやつまたはフード一粒を入れておきます。

3 リードを短めに持ちます。「タッテ」と指示を出し、一歩踏み出すと同時にリードを進行方向に引きます。

4 上手に立てたら「グッド」といい、なでてあげましょう。立たせたままで、手の中のごほうびを与えます。

5 一歩前に出した足を戻し、「オスワリ」の指示を出します。

「タッテ」を覚えれば美容院やお出かけ後もラクラク

「オスワリ」や「フセ」の指示ができるようになれば、今度は「タッテ」の指示です。「タッテ」は犬種によって、覚えさせる必要がない場合もありますが、トイ・プードルの場合は小まめなブラッシングが必要なので、「タッテ」ができていれば、ブラッシングもスムーズに行うことができます。また、散歩から帰ってきたときに「タッテ」の姿勢を保つことで足をふくことも簡単にできるので便利です。

wan! Point

「タッテ」を覚えることができたら、一つステップアップ!立ったまま、マテをさせる「タッテマテ」という指示の訓練しましょう。「タッテ」をさせてから、ワンちゃんの前に手を出して「マテ」をかけながら後ろに下がるのがポイントです。

✓コツ50

オイデ

最初は近くからはじめて徐々に距離を伸ばしていきましょう

好奇心旺盛でアクティブなトイ・プードル。ドッグランや公園などに出かける機会も多いでしょう。「オイデ」はそんな時に役立つしつけです。

遊び好きのトイ・プードルには必須のしつけ

離れたところから飼い主さんの側まで来る指示を「オイデ」といいます。「マテ」ができるようになれば、次に「オイデ」の訓練をしましょう。広い公園でボール遊びをしているときやドッグランで思い切り遊んでいるときでも、「オイデ」だけで戻ってくるようになれば、トラブル防止にもつながります。また、子犬のころから教えるこ

try! 1

1 手におやつまたはフード1粒をごほうびとして入れておきます。ワンちゃんの横に立ち、「オスワリ」をさせてから、「マテ」の指示をかけます。

2 「マテ」をかけながら、リードを少しずつ伸ばして、ワンちゃんとの距離を離していきます。

3 飼い主さんは立ちひざになり、リードをたぐりよせながら「オイデ」と呼びます。

4 リードにつられてワンちゃんが飼い主さんの所まで来られたら「グッド」と言いながらほめて、手の中のごほうびを与えましょう。

5 ①〜④をくり返し行い、リードをたぐり寄せずに飼い主さんの所まで来るようになればOKです。

wan! Point

「グッド」と言ってほめるタイミングは必ず、ワンちゃんが飼い主さんにぴったりと触れられるくらいの距離に来ることができてから。また、「オイデ」と言って呼び寄せたときは絶対に叱らないようにしてください。ワンちゃんが「せっかく行ったのに、怒られちゃった…」と思い、次から反応しなくなる可能性があります。

try!2　2人で行う、「オイデ」のトレーニング方法

ワンちゃんの名前を呼ぶ人、リードを持つ人の2人に分かれて行う練習方法を紹介します。少し離れた場所でもこれなら安心して行うことができます。

❶

リードを持つ方の人（以下パートナー）はリードを持ったときに子犬が足下でじゃれてきても、かまわずに無視をしましょう。

❷

飼い主さんは3～5m位離れてから、ワンちゃんのお気に入りのおもちゃやおやつ、フードなどをかざして、興味をひきます。

❸

ワンちゃんが興味を持つような反応を見せたら、飼い主さんはワンちゃんに「オイデ」と指示します。

❹

パートナーは「オイデ」のタイミングで持っていたリードをそっと床に置きます。

❺

ワンちゃんが飼い主さんの足下まできちんと来ることができたら、「グッド」といってほめて、手に持っていたおもちゃやおやつを与えます。

❻

ワンちゃんが「オイデ」の指示に従うようになったら、家具などの陰に隠れながら「オイデ」の練習をしましょう。

wan! Point

ワンちゃんが小さいときはほかのものに興味がいき、「オイデ」の指示に応えない場合があります。指示を発した人の元へ行くようしつけるために、パートナーはワンちゃんが側に寄って来ても無視をしましょう。

とで、飼い主さんとの信頼関係を築くことができます。最初は近距離からはじめ、だんだんと距離を離していきましょう。練習するときは必ずリードを付けてください。

コツ51

マテ

「マテ」の指示はハンドシグナルを用いて行いましょう

「マテ」はワンちゃんの行動を制止し、ワンちゃんの安全を確保するためのトレーニングです。

焦らずじっくりと練習しましょう。

try! 1

❶

バスマットやバスタオルを半分に折って床に敷き、ワンちゃんに何度もタオルの上を通過するよう、ごほうびで誘導します。

❷

ワンちゃんの体がタオルの上に乗ったら、「スワレ」と指示します。上手に座れたら、手の中のごほうびをなめさせます(あげるのはまだ)。

❸

手のひらをワンちゃんの方に向けて「マテ」と指示します。そのまま飼い主さんは2、3歩後ろに下がります(リードに多少余裕が出るくらいの距離)。

❹

ここで飼い主さんとワンちゃんがしっかりとアイコンタクトができていることが重要です。タオルの上からワンちゃんが出ないようにしましょう。

❺

ワンちゃんがタオルの外へ出ようとしたら、再度「スワレ」と指示します。このとき、叱ったり、怒った口調で指示するのはNG。

❻

タオルの上で待つことができたら、「グッド」とほめてごほうびを与えましょう。

❼

②〜⑥を何度もくり返し、タオルの上で待つようになれば、タオルの横で同様の手順をくり返しましょう。

wan! Point

「マテ」はしつけの中でも難しいので、最初から上手くいかなくてもあきらめてはいけません。最低でも1日数回はくり返しトレーニングしましょう。

try! 2 「マテ」の指示を解除するためのトレーニング

「マテ」を指示している間はワンちゃんは飼い主さんに従い動きを止めます。
動いてほしいときにはワンちゃんにわかるように解除の合図をしてあげましょう。

「マテ」を解除するときは「よし」ではなく「OK」が望ましいでしょう。「よし」はワンちゃんをなでるときの「よしよし」に似ているので、混乱してしまう可能性があります。

wan! Point

「OK」と言っても、ワンちゃんがなかなか動かない場合は、後方や横など動く場所を変えるといいでしょう。それでもだめなときはしゃがんでみましょう。

ワンちゃんとの外出がよりいっそう楽しくなるように

外出の機会が多くなると、楽しいこともたくさんありますが、その反面、危険な場面に出くわす可能性も非常に多くなります。人に飛びついてしまう、自転車や自動車を追いかけてしまう、拾い食いをしてしまうなど、危険な行動は数を上げればきりがありません。しかし「マテ」を教えることで、ワンちゃんの動きを止めて、事故を未然に防ぐことが可能です。覚えておきたいのは、「マテ」の指示を行うときは必ず手のひらを向ける「ハンドシグナル」を用いるということ。これで、ワンちゃんも理解しやすくなります。

コツ52

ツイテ

ヒールポジションをしっかりと訓練マスターしてから「ツイテ」の練習へ

周囲に迷惑をかけず、安全な散歩をするために「ツイテ」は必要不可欠なしつけ。必ず、飼い主さんの左側につくという所から教えましょう。

try! 1

「ツイテ」の前に教えておきましょう

～ヒールポジション～

飼い主さんの左側につくということを覚えてもらうと「ツイテ」のトレーニングがスムーズに行えます。

❶

ワンちゃんと正面に向き合います。このとき、飼い主さんは左手におやつやフードを二粒入れておきます。

❷

左手に入れておいたごほうびを、ワンちゃんの鼻先にかざします。

❸

ごほうびでワンちゃんを誘導します。足は左足を一歩後ろへ引き、右足の後ろへ踏み込んでいる状態にしてください。

❹

そのまま、「ツイテ」と指示を与え、後ろに踏み込んだ左足の方へ誘導します。

❺

左足が思い切り伸びた状態までワンちゃんを誘導できたら、手の中のごほうびを一つ与えます。

❻

後方に出していた左足を右足の位置に戻しながら、手の中にあるもう一つのごほうびでワンちゃんを誘導します。

❼ ワンちゃんが足下に戻ったら、左手を引き上げて「オスワリ」の状態にします。

❽ ワンちゃんが飼い主さんの左側で、同じ方向を向いた「オスワリ」ができれば、「グッド」と言って手の中のおやつを与え、なでてあげましょう。

try!2　実践編！ツイテのトレーニング

❶ 飼い主さんはワンちゃんを左側に座らせます。このとき、リードは短めに持ちましょう。

❷ そのまま、左手をワンちゃんの方にかざし「マテ」の指示をかけ、制止させます。

❸ 短めに持っていたリードを伸ばし、長さの分だけ前に出ます。

❹ ひざの横を軽くたたき、ワンちゃんに「ツイテ」を指示します。

❺ 右手で張っていたリードを進行方向に引き寄せます。

❻ 飼い主さんの元まで来ることができたら「グッド」と言い、なでながらほめてあげましょう。

wan! Point

「マテ」「ツイテ」の指示をするときには、必ずアイコンタクトをしっかりと取ってください。

リードを短めに持つのはワンちゃんが飼い主さんよりも前に出ないようにするため。飼い主さんが引っ張られて歩くことに注意をしないと、ワンちゃんはそれをいいことだと勘違いしてしまいます。リードを強く引っ張るようなら、大きな声でしかるのではなく、飼い主さんは前に進むことをやめて、「引っ張ったら進めないんだ」ということを教えてあげましょう。

リーダー＝飼い主ということを認識するトレーニング

一般的に「ツイテ」は「飼い主の横にオスワリする状態」を指します。散歩中にほかのワンちゃんとすれ違い、マウンティングや飛びかかろうとする際にリードを強く引っ張ることがあります。その場合にも「ツイテ」だけで、止めることができます。また、「ツイテ」には飼い主さんとワンちゃんの主従関係をはっきりとさせるという意味もあります。ワンちゃんには本能的に「リーダーは自分より高い所にいる」という判断基準があり、飼い主さんを見上げる度に「飼い主がリーダーである」という上下関係を自然に学習することができるのです。

コツ53

テンションコントロール

ワンちゃんが興奮しているときほど飼い主さんは落ちついた態度をとろう

遊んだり、ギュッと抱きしめたり、いろいろなスキンシップを通して、ワンちゃんの気分を上手にコントロールできる飼い主さんになりましょう。

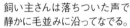

興奮させないワンちゃんのほめ方

興奮しているワンちゃんを落ちつかせたい場合は、毛並みに沿ってゆっくりとなでてみましょう。

飼い主さんは落ちついた声で静かに毛並みに沿ってなでる。

高い声でほめながら、毛並みに逆らってなでる。

飼い主さんは常に落ちついた態度で

子犬の時期のワンちゃんは自分の体力のオン・オフのコントロールができません。遊んでいるときに突然ヒートアップして、おもちゃを振り回したり、家中を走り回ったり、飼い主さんもびっくりしてしまうことも多いはず。遊ぶときは遊び、落ちつくときは落ちつく。ワンちゃんのテンションをコントロールするのも飼い主さんの大事な役目です。ワンちゃんが思い通りに遊ぶのにつき合っていると、興奮癖がついてしまい、噛み癖や引っ張り問題など問題行動を起こす可能性があります。トイ・プードルは賢い性格で、子犬期のしつけも比較的飲み込みがはやく、従順な性格ですが、利口さから相手を見て上手に立ち回り、ワガママになってしまうことも。幼少期からしっかりと飼い主さんがコントロールできるようにしましょう。

　興奮しているワンちゃんに対して、飼い主さんは高い

テンションコントロールの仕方

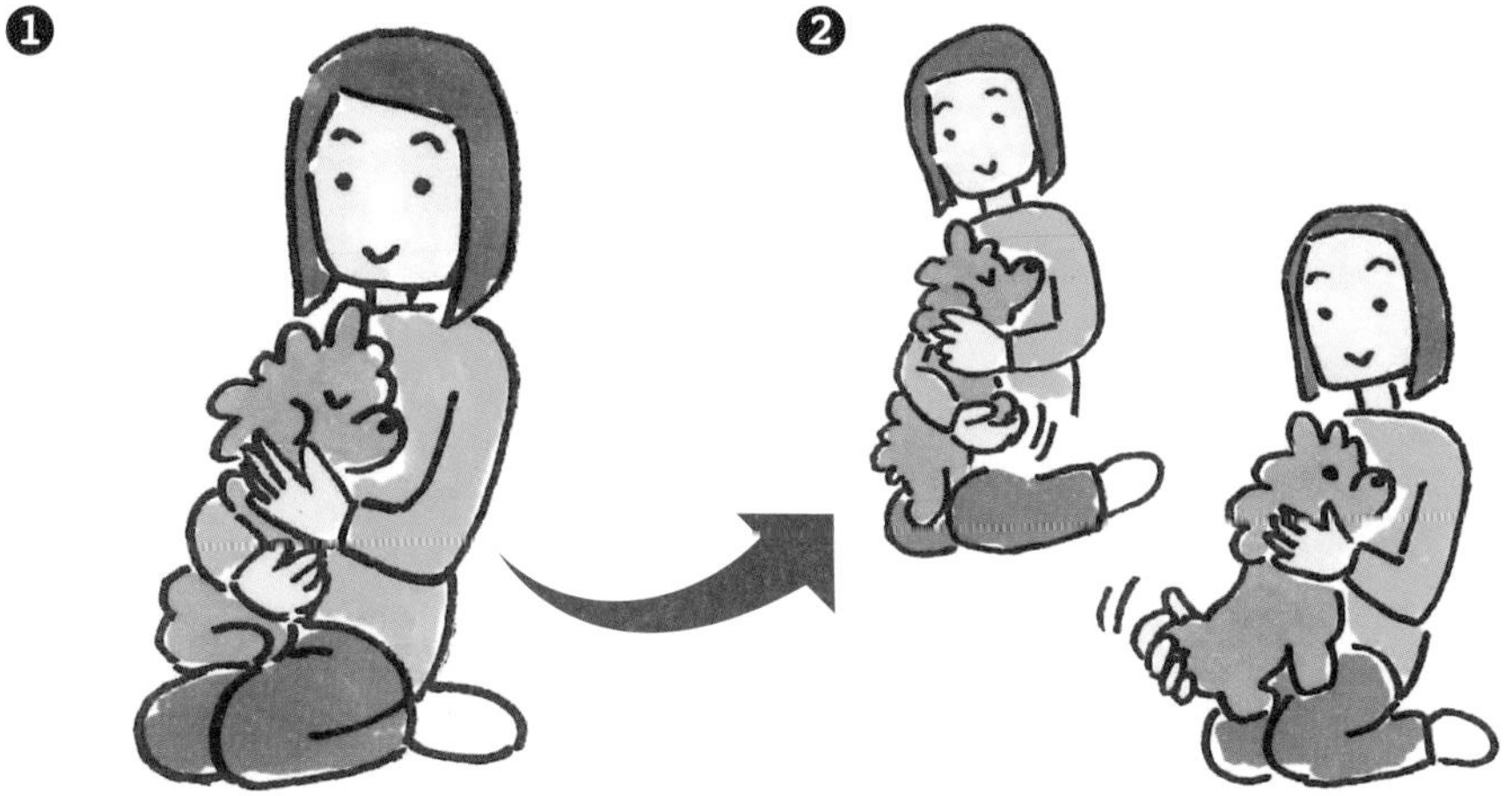

❶ 身体全体がリラックスして、飼い主さんの上で寝そべっているような体勢になるよう、あごの下から手を入れて、顔を覆うように抱きしめます。

❷ 前足は片手で押さえ、右側・左側と両方できるようにします。慣れてきたら、マズルや足など、本来ワンちゃんが嫌がる部分をそっと触ってみましょう。

声を出したり、オーバーな動作をするのはやめましょう。落ちつかせたいときは、例えワンちゃんが遊ぶことを要求してきても、かまわずに、落ちついた態度でいることが大切です。そのうち、ワンちゃんがあきらめて静かになるので、そこで「オスワリ」など簡単な指示を与え、上手にできたらほめて、ごほうびをあげましょう。特に興奮しやすい子の場合は、落ちついたように見えても、飼い主さんが少し動いただけで、また興奮状態になるので、そういう場合は、コツ43（P122）で紹介したように、一度クレートやケージに入れて、目を合わせず無視。良い子にできたら思い切りほめましょう。何度もくり返すうちに、おとなしくしていれば飼い主さんが注目してくれることを理解し、次第に落ちつくようになります。

wan! Point

ワンちゃんを落ちつかせるときはギュっと抱きしめてあげましょう

テンションコントロールで大切なのが、ワンちゃんの行動を制限すること。興奮状態のワンちゃんは、はじめは抱きしめても暴れてしまうかもしれません。けれど、そこでやめずにギュッと抱きしめてください。落ちついたら、毛並みに沿って静かになでてあげましょう。

遊びの中でしつけの基本を学ぼう！

遊びを取り入れたトレーニングでしつけ＝スキンシップと覚えさせましょう

目くじらを立てて、厳しくするのがしつけではありません。飼い主さんとワンちゃんがお互い楽しんでトレーニングすることが一番大切です。

遊びの基本はワンちゃんとのスキンシップ

子犬のうちからなでたり、軽くタッチして、たくさん触りましょう。その際に仰向けにしたり、立たせたり、いろいろな形で優しくボディタッチする遊びを取り入れれば、体を触られても嫌がらないワンちゃんに育ちます。

子犬のころからのスキンシップが〝いい子〟を育てる

社会の中で共に過ごしていくには、当然最低限のしつけが必要です。この章ではいくつかのしつけを紹介してきましたが、「きちんとしつけなければ、いい子に育てなければ」と気負ってしまうと、飼い主さんもワンちゃんも辛く嫌なものになってしまいます。そうではなく、しつけは楽しいもの、かわいい愛犬に触れたり、遊ぶことと同じ、大切なコミュニケーションの一つと思いながらトレーニングに励んでください。飼い主さんが楽しめば、必ずワンちゃんも「この人といると楽しいな」と感じることでしょう。

さて、楽しい遊びにもけじめが必要。必ず、飼い主さんが主導権を握ることが基本です。ワンちゃんにおもちゃをくわえさせたまま、あいまいに終わらせるのではなく、最後は必ず「おしまい」と言って終了しましょう。また、子犬の場合はリードを付

トレーニングの前に ～振り子遊びにチャレンジ！～

❶ 手の中にごほうびを入れて、ワンちゃんの鼻先に近づけましょう。

❷ ワンちゃんがごほうびのにおいに集中しているときに、ゆっくりと手を左右に動かしてみましょう。

❸ 誘導する方向に上手にワンちゃんがついてこられたら、「グッド」とほめて、ごほうびを与えましょう。

❹ ①～③をくり返し行い、ワンちゃんを左右に動かしましょう。左右ができたら、同じように前後に誘導する練習も行いましょう。

けて遊ぶことをおすすめします。小さいころは好奇心が旺盛なので、物を追いかけてしまうことも。飼い主さんは当然ワンちゃんを追いかけます。これをくり返すと、物をくわえて走ると追いかけっこができると勘違いしてしまいます。それを避けるためにも子犬のころはリードを付けて遊ぶのが望ましいでしょう。

ワンちゃんと遊ぼう！

クルクル動くおもちゃ

ワンちゃんは動いているものが大好き。一緒に遊ぶときはおもちゃを生き物のように動かすと、それにつられてワンちゃんも喜んで動きます。転がるおもちゃを使っても楽しめます。

引っ張りっこ

「モッテ」や「ダシテ」などの訓練をするときに便利な遊び。ワンちゃん用のロープを使って引っ張りっこしながら、いいところで「ダシテ」と指示しましょう。返してくれたら、ごほうびと交換しましょう。

こんなときどうする?

初めての飼い主さん Q&A

Q 大きな地震や災害で、もしも愛犬が迷子になってしまったら…

A 地震大国と呼ばれる日本では、大きな地震がいつ起こるのかわかりません。このような災害時の迷子は言葉を話せないワンちゃん、それに飼い主さんにとっても大きな不安です。マイクロチップの装着は今からできる災害対策の一つです。マイクロチップは直径2㎜、長さ12㎜の円形筒のICチップで読取器(リーダー)で番号を読み、データベースと照合することで飼い主の名前、住所を読み取るシステムで、埋め込みは獣医師による獣医療行為になります。飼い主さんは「マイクロチップ=迷子札」と考えてみましょう。

Q 一人暮らしで日中は家をあけるのですが、それでも飼って大丈夫ですか?

A 深夜や朝方に帰るような仕事であれば、考え直しましょう。1日2回、30分程度の散歩ができるのであれば、問題ないでしょう。ただし、迎えてから1週間は新しい環境に慣れてもらうためにも、常に飼い主さんが側にいられるような体勢を整えてください。留守番中は、常に水を飲める状態にしておきましょう。また、気温が25度を超える日にはクーラーの室温を26度～27度に設定して入れ、温度調整してください。帰宅後は健康状態のチェックや一緒に遊ぶ時間をつくることも忘れずに。

Q オスとメス、どちらが飼いやすいですか?

A ペットを飼うのがはじめてであれば、特にどちらが良いのかと迷うことでしょう。しかし、オスだから活発、メスだから気が優しいかというと、必ずしもそうであるとは言い切れません。人間だって、いろいろな性格の人がいるのです。ワンちゃんもそれと同じ。子犬を選ぶ際に、店員やブリーダーに自分がどのようにワンちゃんと付き合っていきたいのか相談することが一番大切です。

5 しつけを覚えて お出かけしましょう

しつけをしっかり覚えたら、そろそろお散歩デビューも間近！
でもその前に、お出かけのルールやマナーをしっかりと習得しておきましょう。

コツ55

お散歩デビュー！

お散歩ルートはいろいろな場所を選んで外部の空気に慣れさせましょう

誰と会っても、どんな場所に行っても大丈夫な子に育てるために外に出ることはとても大事。お散歩でワンちゃんもグッと成長できるのです。

ワンちゃんと楽しくお散歩しましょう

4カ月位まで小型のトイ・プードルは室内で遊ぶだけでも運動量は足りますが、それでも、毎日家の中にいるよりは、思いっきり外で遊びたいもの。ワンちゃんにとって散歩は、気分転換はもちろん、社会性を身につけさせるためにも、とても大切です。車の音や子どもの声、自然のにおいなど、外の世界を知るきっかけになります。特に長時間の留守番をしている子

散歩に必要なグッズ

○首輪、リード、ハーネス（胴輪）

首輪やハーネスはジャストフィットのものを選びましょう。革製や布製がおすすめ。リードは110㎝のノーマルタイプがベスト。

○お散歩バッグ

トートタイプもいいですが、両手がふさがってしまうので、最初のうちは、できればショルダータイプやウエストバッグなどを選びましょう。

○飲み水と飲み水容器

水を入れる容器はカバンに付けることができるタイプを選んで。ワンちゃんが飲み口をなめると水が出るタイプもあります。

○トイレットペーパー、ゴミ袋

フンを片づけるためのセットは必ず持参。エチケット袋の携帯パックもあるので、ペットショップなどで探してみましょう。

○オシッコ後始末用の水

オシッコは水で洗い流すのがマナー。上が霧吹き、下がドリンカーのマナードリンカーが便利。

○おもちゃ、おやつなど

遊べる場所があるときに使えるように入れておきましょう。

トイ・プードルと楽しいお散歩をするために覚えておきたい3つのこと

1 お散歩後に毛玉のチェックをしましょう

クルクルの被毛に覆われたトイ・プードルは、毛玉ができやすく、お散歩では小枝や葉、虫などがからんでしまうことも。お散歩後に毛玉ができていないかチェックしましょう。

2 いろいろなお散歩コースをつくりましょう

アスファルトの上だけでなく、土の上や芝生など、いろいろな道を通ることで、ワンちゃんは肉球から刺激が伝わり、脳が活性化され、リフレッシュできます。

3 サマーカットのワンちゃんはUV・クール加工の洋服を着せましょう

サマーカットは毛玉ができにくく、夏は涼しいのですが、紫外線による皮膚へのダメージや熱中症になることも。UV加工された洋服やメッシュ素材、クール加工の洋服を着せて、お散歩に出かけましょう。

の場合、一日中家にいることでストレスを抱え込み、問題行動や多くの病気を発症させる原因の一つにもなります。適度な外出はワンちゃんの健康を守るために、とても必要なことなのです。

散歩はルートも時間もランダムに

毎日決まった時間や同じルートにすると、「散歩に行けないこと」がワンちゃんにとってストレスになったり、縄張り意識を持つ可能性があるので、なるべく決まった時間をつくらず、ランダムに散歩へ行きましょう。時間帯を変えることで、気候や周囲の雰囲気も変わり、ワンちゃんが新しい刺激を受けて、満足度が格段にアップすること間違いなし。ただし、夏場は日中の一番日の高い時間帯は避けましょう。気温が高い夏は、ワンちゃんが脱水症状を起こしてしまう可能性があるからです。また、アスファルトの道を歩かせる場合は、地表面温度が上昇しており、肉球をやけどしてしまう場合もあります。夏はできるだけ涼しい時間帯を狙って、日陰を選んでお散歩に出かけましょう。

お散歩へ行く前は、できるだけトイレを済ませておくのもマナーの一つ。もし、お散歩中にオシッコやウンチをしてしまった場合は、必ず片づけましょう。お散歩用バッグの中には、常にウンチを片づけるためのエチケット袋とオシッコを洗い流すための水を常備しておきましょう。マナーをきちんと守ることが、楽しいお散歩への第一歩なのです。

try! ❶ リードの持ち方

❶ リードの端に親指または人差し指をかけます。

❷ そのまま手を握ります。こうすると入れた指がストッパーになり、リードを固定しやすくなります。

❸ もう片方の手はリードを持っている方の手をつかむようにそえます。そのまま首輪の方へリードを滑らせるように移動させます。

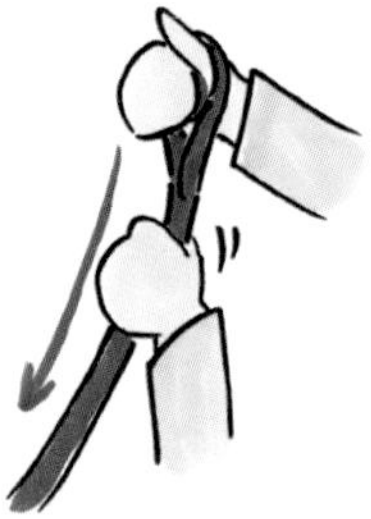

❹ 必要な長さを残して手を止めます。飼い主さんのふともも位の位置が目安です。

予防接種前に首輪とリードの練習を

生後3~4カ月の予防接種が終われば、外出OK。まちに待った散歩デビューに飼い主さんも「どこへ行こうかな」とワクワクしていることでしょう。けれど、その前にやらなければならないことがあります。それが首輪とリードに慣れさせておくということ。最初はリボンなどを首に巻き、慣れてきたら首輪を付けます。首輪の次はリードを付けて室内を実際に歩かせてみましょう。リードはゆったりと持ち、まずはワンちゃんのペースに合わせて歩く練習からスタートしましょう。

　ワクチン接種前の生後1カ月~3カ月頃はワンちゃんの〝社会化期〟といわれ、外部からの刺激になれやすい時期です。飼い主さんがワンちゃんを抱っこして、家の近所などを散歩し、外の匂いや音、光などを積極的に体験させてあげましょう。お散歩デビュー後に怖がって歩けない子は、キャリーバッグや抱っこからはじめるのがベスト。場所は家の近所などから、徐々に人がたくさんいる場所に連れて行きましょう。もし歩かせたい場合は、公園など特定の場所のみにしましょう。その際、ワンちゃんの安全を確保した上で、興味を示したものは匂いを嗅がせてあげましょう。ただし、長時間歩かせるのは避けること。少しずつお散歩の時間を延ばしていくのがポイントです。

try!②

覚えておきたい対処法

ワンちゃんが動かなくなったときには…

❶

リードを軽く上に引っ張ったり、逆方向に歩き出してみましょう。

❷

どうしても動かないときは、おやつやおもちゃを鼻先にあてて誘導しましょう。

ほかのワンちゃんと会ったときは…

❶

ワンちゃんと出会っても気にしないようなら、リードを短く持って、そのまますれ違いましょう。

❷

ワンちゃんが吠えたり、向かってきそうなときは、足元に「オスワリ」をさせて通り過ぎるのを待ちます。

排せつしたときは…

❶

フンの場合はトイレットペーパーで取り、ウンチ袋に入れて家に持ち帰りましょう。

❷

オシッコは人の家の前などでしないように注意。水をかけて後始末しましょう。

お散歩の主導権は飼い主さんが持つこと

お散歩デビューの前に飼い主さんに心得てほしいのが「飼い主さんが主導権を握る」ということです。ワンちゃんを飼っているとつい忘れがちになりますが、世の中にはワンちゃんが苦手な人もたくさんいます。飼い主さんがワンちゃんをしっかりコントロールすることは、しつけの面はもちろん、突然の事故を防ぐためにもとても重要なのです。

ワンちゃんが主導権を握り、飼い主さんの指示を聞かない状態でお散歩に出かけることは、ワンちゃんはもちろん周囲の人も危険にさらしてしまう可能性があります。ワンちゃんがリードを引っ張る、座り込んで動かなくなってしまう、ほかのワンちゃんや人に対して吠え出す、こんなお散歩は絶対にNGです。また、知らないワンちゃんとのケンカや道端での拾い食い、小さな子どもに飛びかかるなど、不測の事態が起こることも考えられます。そんなときに有効なコマンドが「マテ」です。家から出るときは、まず玄関で「マテ」の指示を出し、常に飼い主さんから先に出るようにしましょう。何度もくり返すことで、ワンちゃんは人を優先させることを覚えます。しっかり「マテ」ができると、お散歩だけでなく、どんな場合でも自分から勝手に動くことはありません。「マテ」はワンちゃんの行動を制御するために、非常に大切なコマンドなのです。

コツ56

お散歩に便利な手作りグッズ紹介

ザクザク縫ったら完成！気軽に作ろうハンドメイドグッズ

既製品の場合「もう少し、幅が大きかったらなぁ…」など、使い勝手に不満が残ることも。ハンドメイドなら、いくらでも自分仕様にできますよ！

try!❶

家事のときにも使える

愛犬おでかけバッグ

難しいかなと思うかもしれませんが、意外と簡単に作れちゃいます。今回はタックにしていますが、ギャザーにしてもある程度の誤差は調整できます。

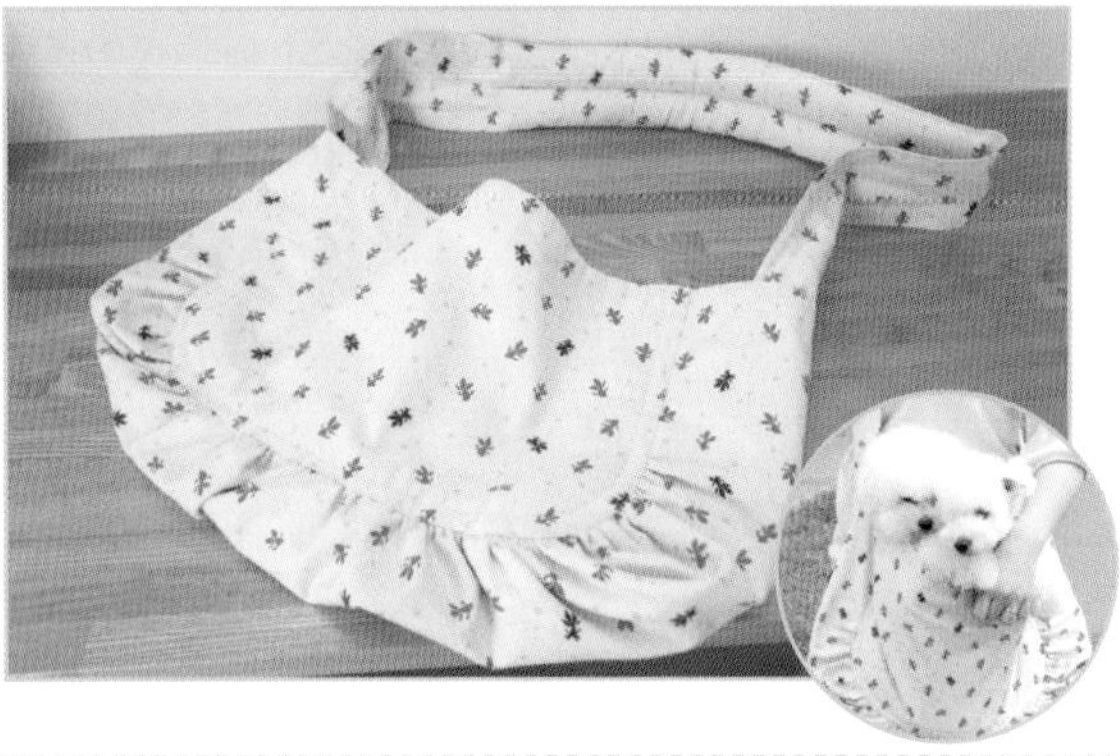

try!❷

両手をふさがず、収納にも役立つ多機能エプロン

お散歩エプロン

布を縫い合わせるだけで完成する多機能なエプロン。パーツをつければ、ポケット部分にリードをつなげることも可能。多頭飼いの飼い主さんにもおすすめです。

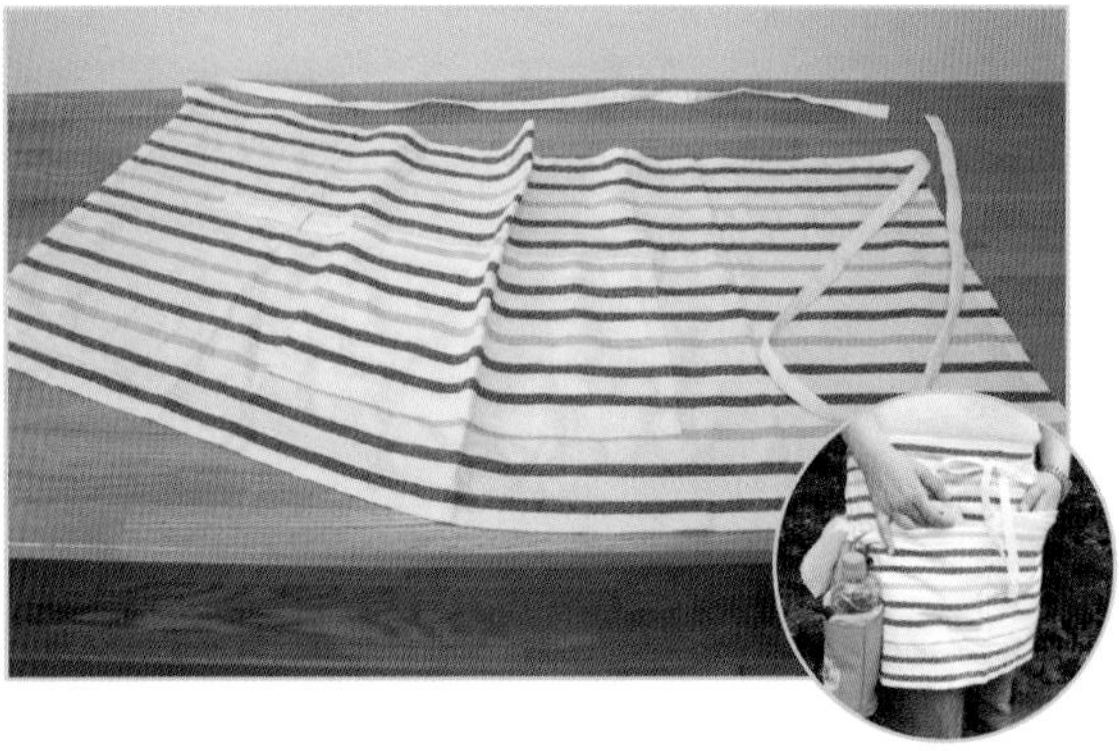

❶

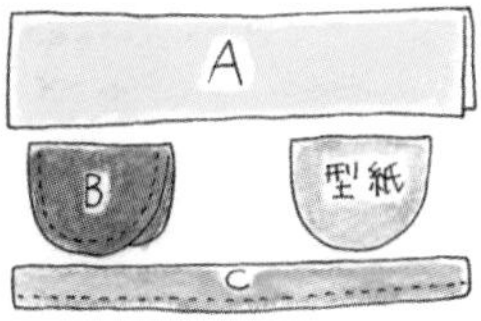

袋本体(A)、正面になる部分(B)、肩ひも(C)を各2枚重ねになるように裁断。(B)より少し小さめの半円の型紙を用意します。

❷

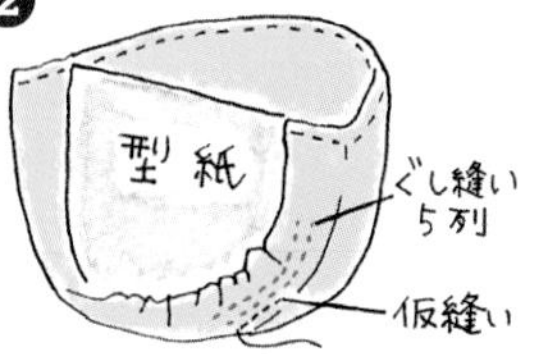

(A)に型紙の半円を合わせるようにギャザーを寄せます。5列ほど縫うときれいなギャザーになります。ギャザーがずれないよう、仮止めします。

❸

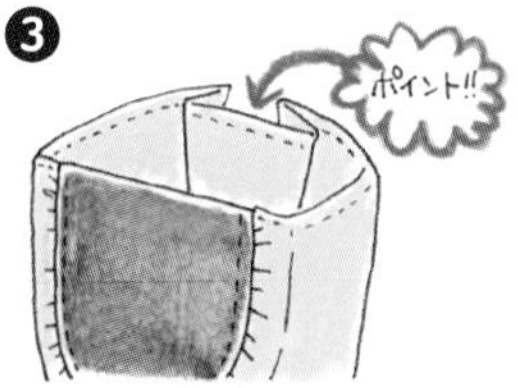

ギャザー部分にアイロンをかけてからミシンを使って(B)と縫い合わせ、背面になる部分にタックを寄せます。

❹

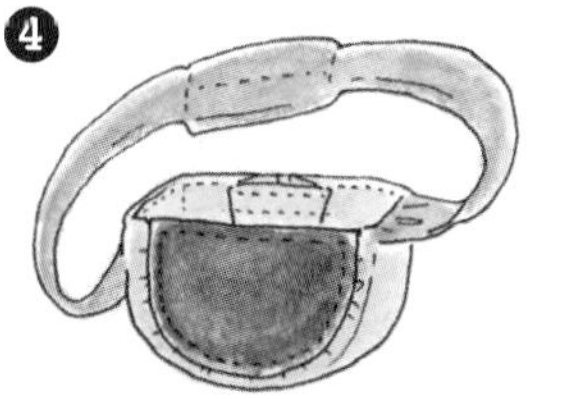

肩ひもの部分をつけて完成。肩にあたる部分に古いスポンジを入れるとクッションになって下げたときに楽です。

wan!

Point

(A)と(B)をつなぎ合わせるときに、背面になる部分のサイズをタックで調整します。幅や形はアバウトでもOKです。

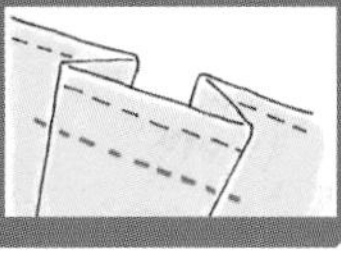

材 料

- **布**(幅110cm位×長さ125cm位)
  ※布の寸法は目安です
- **しつけ糸**
- **ミシン糸**
- **肩パット用のスポンジ**
  (なくてもOK)
- **型紙**
  (ダンボールなどでOK)

❶

エプロン部分(A)、ポケット部分(B)、ヒモ部分(C)(D)を用意します。

❷

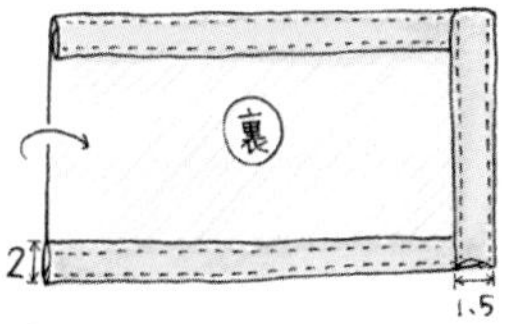

(A)の両サイド1.5cm、上下2cm間隔でミシンをかけます。

❸

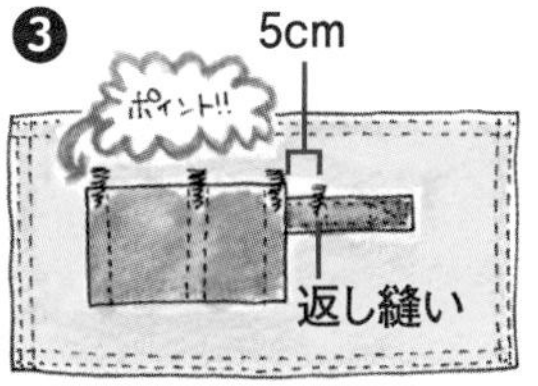

ポケット部分(B)とヒモ(C)を(A)につけます。用途に応じてポケットの数を増やしてミシンをかけます。ヒモ(C)は5cmくらいの位置にリードを付けられるように2つに分けます。

❹

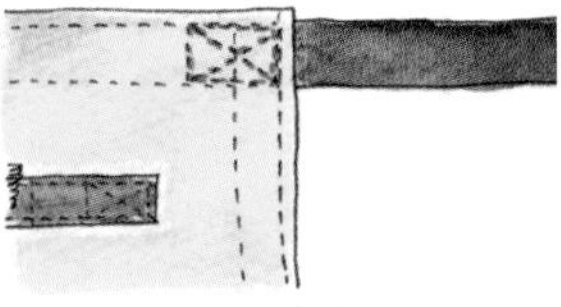

(A)の両サイドにヒモ(D)を縫い付けて完成です。

wan!

Point

物を出し入れするポケットの入り口部分はほころびやすいので、返し縫いで補強しましょう。

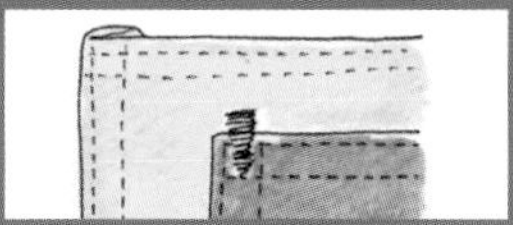

材 料

- **肩パット用のスポンジ**
  90cm幅で長さはお好みで。既製品のエプロンを加工するとより簡単
- **ポケット部分の布**
  (入れたい物に応じてサイズを決める)
- **ヒモ**(90cm/既製品でもOK)
- **リードをつなぐ部分のヒモ**(5cm)
- **ミシン糸**

コツ57

ドッグカフェへ行ってみよう！

基本的なしつけと事前の準備をしっかり最低限のマナーは厳守して！

ワンちゃんのマナーは飼い主さんのマナー。粗相やムダ吠えを許してしまうのは当然ＮＧ。多くの人が訪れる場所だからこそ、飼い主さんの良識が問われます。

ドッグカフェでの基本マナー

1 人間用の食器からワンちゃんに食べ物や飲み物を与えない

食器はほかのお客さんも使います。コップから水を与えたり、皿をなめさせるのはNGです。

2 トイレシーツを敷かない

カフェは食べ物を扱う所です。ほかの利用者も不快に感じます。事前にトイレをさせ、オスのワンちゃんにはマーキングガードをつけましょう。

3 おやつを与えっぱなしにしない

与えたままだと、ほかのワンちゃんが気にしたり、床を汚す可能性も。

4 ワンちゃんから目を離さない

カフェを利用している人の中にはワンちゃんが苦手な人も。必ず足元に伏せさせて下さい。

5 ほかのワンちゃんに出会ったら…

興奮しやすいワンちゃんはほかのワンちゃんに会ったときに気にするそぶりをします。その場合は飼い主さんに許可を取ってから、お尻のにおいをかがせるワンちゃんのあいさつをさせましょう。

6 カフェはマットを持参する

お腹を床につけることは本来、ワンちゃんが嫌がる行為の一つ。家でもマットを使うようにすれば、愛用しているものを敷くことで、安心して「フセ」ができます。

マナーを守って楽しい時間を

近年、飼い主さんと愛犬が一緒に楽しむことができるドッグカフェが急増しています。最近では散歩コースにドッグカフェをいれているという飼い主さんもいるのではないでしょうか。しかし、以前はＯＫだったのに今はＮＧという店舗も少なくありません。その原因は、ワンちゃんと飼い主さんのマナーの問題です。ドッグカフェはワンちゃんとゆったり

try! ワンちゃんを連れて行く際のポイント

❶

カフェのスタッフに声をかけ、ペット同伴が可能かどうかたずねます。その場合、店内も利用が可能か、テラス席のみかも確認しましょう。

❷

ワンちゃんは出入り口付近など、人の出入りが激しい場所は落ちつきません。なるべく奥の席を用意してもらいましょう。

❸

席に案内されたら、しばらくの間はワンちゃんを足元に置き、リードの首輪近くを持ってワンちゃんを落ちつかせます。

❹

2～3分経ってワンちゃんが落ちついたら、床に伏せさせましょう。

❺

足で首輪側のリードを踏み、ワンちゃんが立ち上がらないようにします。

❻

完全に落ちついたらリードを踏んでいる足を外してもOKです。

と過ごせる空間であると同時に、人間の食べ物を扱うお店です。事前の排せつはもちろん、去勢していないオスはマーキングガードを装着させる、発情中のメスはドッグカフェに連れていかないなど、お店やほかのお客さんに対する配慮が必要です。これは基本的なマナーです。ワンちゃんと有意義な時間を過ごしたいのならば、しっかりと覚えましょう。

基本のしつけをできることが第一条件

ドッグカフェに行きたいと思ったら、まず「フセ」、「オスワリ」、「マテ」をマスターさせましょう。ワンちゃんはお店で数十分単位でおとなしくしていなければなりません。突然吠えだしたり、飛びかかるような場合は、まだドッグカフェデビューは控えてください。

当然、カフェにはほかのお客さんも訪れます。ほかのワンちゃんが気になるようなら飼い主さんに許可をもらい、においをかがせてあいさつをさせましょう。万が一ワンちゃんが粗相してしまったら店員さんや周りに謝り、持参した消臭スプレーなどで後始末をしましょう。

コツ58

公共の交通機関、車に乗ってみよう！

電車は人の少ない時間帯を利用 車は楽しい乗り物だと思わせよう

公共機関を利用するときは周囲の人への気配りやマナーを忘れないように。車の場合は近所から徐々に距離を伸ばして、慣れさせましょう。

電車や車の乗車ができれば、遠くへのおでかけもラクラク！

散歩デビューが終われば、ワンちゃんを近所だけじゃなく、少し遠くの公園やカフェ、ドッグラン、一泊旅行など、さまざまな場所に連れていき、楽しい思い出をたくさんつくりたいですよね。旅行雑誌やネットを見ながら、どうしようかと思案している飼い主さんもいるかもしれません。遠出をするということは、もちろん徒歩では行けない場所へ行くということ。そこで必要となってくるのが、公共の交通機関や車です。特に公共の交通機関はたくさんの人が利用するため、いろいろな約束ごとがあります。また、乗客の中には動物が苦手な人もいますので、マナーとルールを守って利用しましょう。

乗り物で移動する際の注意点

公共交通機関・車共通

- 事前に排せつする。
- 体調が悪いときは延期する。

公共交通機関

- クレートの扉は人の見える方に置かない。
- クレートまたはキャリーバッグを用意。
- 事前に利用条件や料金を確認する。
- ワンちゃんが吠えないようにする。

車

- クレートはシートベルトで固定。
- 駐車場に駐めるときはワンちゃんだけにしない。
- クレートを直射日光のあたらないところに置く。

◆ワンちゃんが車好きになるためのコツ

1 近所の公園など近いところから始める

普段使っている車を利用し、家から5分くらいの場所にある公園などに連れて行き、遊んであげましょう。

2 酔い止めを飲ませる

車酔いをするワンちゃんには酔い止めの薬を好物と一緒に飲ませるようにしましょう。

3 アロマを使う

お気に入りのアロマを車の中でスプレーし、緊張をほぐしましょう。

電車を使っての移動は事前に利用交通機関のHPをチェック！

電車はトイ・プードルなどの小型犬の場合、キャリーバッグやクレートに入れれば乗車が可能です。しかし、ここで気をつけたいのは乗車に際する条件や料金は鉄道会社ごとに異なるということ。利用する電車がどのような条件を設けているのか、事前にチェックをしておきましょう。

車内ではクレートやキャリーバッグから顔や体がでないように注意しましょう。また、クレートやバッグは自分の足の下または膝の上に乗せ、ほかのお客さんに迷惑がかからないようにしっかり管理してください。ラッシュの時間帯は避け、なるべく空いた車両に乗ることも大切。旅行で長時間乗車する場合は、広々としたグリーン車の利用がおすすめです。

ゆったり運転で小まめな休憩を

車の移動は少しずつ慣らしていくことが重要です。まずは近所の公園などに連れて行き、ワンちゃんと遊ぶことで「車に乗ること＝楽しいこと」であると覚えさせましょう。車内ではクレートに入れて、シートベルトで固定しておくと万が一のときも安全です。さらに固定することで車酔いの予防にもつながります。また、急加速や急ブレーキはワンちゃんが不安になるので控えましょう。長時間ドライブは1～2時間ごとに休憩し、外に出したり、水を飲ませて、熱中症を防ぎましょう。

1泊旅行へ行ってみよう！

入念な下調べと準備でどんな状況にも対応できるようにしましょう

1泊旅行はしつけを頑張ったワンちゃんと飼い主さんのためのごほうび。今まで頑張ってきた結果を存分に発揮し、最高の思い出をつくってください。

宿泊先での必須用品チェックリスト

ハウス用品
- クレート、キャリーバッグ
- タオル、毛布

その他
- リード、首輪
- ウェットティッシュ
- 足ふきタオル
- 敷物
- 迷子札
- ワクチン証明書
- 粘着シートタイプのクリーナー、ガムテープ

食べ物
- ドッグフード
- 食器
- 水

ケア用品
- ブラシ、コーム
- 歯磨き用品

トイレ用品
- トイレシート
- トイレットペーパー
- ビニール袋
- 消臭剤

ペット連れの旅行は常に自分が飼い主さんの代表の気持ちで

最近は、ペットと宿泊できるペンションやホテル、旅館などが増えてきて、中にはワンちゃん用のサービスが充実している宿泊施設もあります。トイレのしつけや基本的なしつけができているのであれば、旅行へ出かけてみましょう。

ここで重要なのは、旅行をするのはあなたとあなたのワンちゃんだけでなく、全国の飼い主さんとワンちゃんもいるということ。たった1人がマナーを守らないせいで、ほかのペット連れの旅行者の印象が悪くなってしまうこともあるのです。マナーを守って楽しく旅行をできるように心がけましょう。

宿泊施設の設備、備品の事前確認はしっかりと

宿泊施設にはペンションやコテージ、ホテル、旅館などがありますが、それぞれ宿泊条件が異なります。ワンちゃんと一緒に寝られる宿泊施

旅行に出かける前に覚えておこう！ 泊まる際のマナー

マナー❶ 人間が使うベッドにワンちゃんを乗せてはいけません

マナー❷ ワンちゃんを客室に放置してはいけません

マナー❸ ヒート中のワンちゃんは連れて行ってはいけません

マナー❹ ワクチンを接種しましょう

マナー❺ チェックアウトの際は粘着クリーナーなどで部屋を掃除しましょう

マナー❻ 粗相や物を壊したら報告しましょう

宿を決める前に確認しておこう！

宿泊可能な犬種ですか？

中には小型犬がNGの宿泊所もあります。宿を決める前に調べておきましょう。

ペットが移動可能な範囲

全館OKの施設もあれば、客室以外はクレートや抱っこでの移動の場合もあります。

ワンちゃん用の施設はある？

ドッグランやトリミングサロン、プールなどペット用の施設も確認しておきましょう。

ペット用の備品はそろっている？

足ふきタオルや消臭剤、水やごはんを入れる容器を用意しているか確認しましょう。

食事は？

食事が別の場所の場合、一緒に連れていけるのか。また、ワンちゃん用の食事は用意されているのかなど。

設のほか、ケージから出すことを禁止していたり、施設側でペット用のケージを用意している施設もあります。宿泊する前に事前に確認しておきましょう。また、緊急のときのために、施設から一番近い動物病院の場所をインターネットなどで確認しておきましょう。

また、ワンちゃんが館内を歩くのがOKな場合も必ずリードと首輪を付けましょう。普段はおとなしい子でも慣れない環境では興奮してしまうことも。宿泊客やほかのワンちゃんに飛びかからないよう、むやみに近づかないように注意しましょう。

チェックアウトの際は、部屋の中に毛が落ちていないかを確認します。もしも、粗相や物を破損したときは正直に申告しましょう。

☑ コツ60

ペットホテルを利用してみよう！

ホテル選びは複数の施設を見学し、比較することが重要

ワンちゃんにとって大好きな飼い主さんと離れるのはとても寂しく、不安なこと。不安を少しでも和らげるために、預ける前に入念な下調べをしましょう。

ペットホテルチェックポイント

☑ **室内環境とケージの様子**

室内は嫌なにおいがせず清潔か、防音設備がしっかりしているか、ケージ内は排せつ物がそのままになっていないか、ほかのペットとの接触があるかないか。

☑ **スタッフの対応**

ペットに対する対応や散歩の時間や回数について確認。

☑ **緊急の対処をしてくれるか**

健康に不安があるときは、動物病院に併設されたペットホテルや、専門のお医者さんがいるペットホテルを選択。

☑ **予防接種が必須か**

あなたのワンちゃんが予防接種をしていても、ほかの子がしていなければ意味がありません。予防接種必須なホテルを選んで。

☑ **料金やサービス内容**

料金や通常のサービス、オプションのサービスなどの内容もチェック。

気兼ねなく利用できるペットホテルを日ごろから探しておこう

旅行やおでかけで長期間家を留守にすることになったとき、愛犬を連れていければいいのですが、緊急の場合はなかなかそういうわけにはいかないもの。一日くらいであれば、家族や親せき、近所の人などに預かってもらってもいいかもしれませんが、やはりお互いに余計な気をつかってしまいそうです。そういう場合はペットホテルに預けましょう。

ペットホテルは文字通りペットが泊まる宿泊施設のことで、ワンちゃんを一時的に預かってくれるサービスです。業者としてはペットショップや動物病院、ペットサロンなどのほか、預かるだけ専門の店舗もあります。もちろん、ワンちゃんを1人にしないことが一番ですが、万が一のときのためにも条件にあったペットホテルを日ごろから探しておきましょう。

ペットホテルは、数時間または日帰りぐらいの短時間

try!　ペットホテルに泊まろう ～宿泊までの流れ～

1 申し込み

前日までに電話、FAX、HPのいずれかで予約しましょう。連絡の際は宿泊日、ペットの種類（犬種）と名前、食事の内容と時間、予防接種証明書の有無などをあらかじめ伝えておきましょう。

2 予約確認

ペットホテルから、予約確認の連絡がきたら、予約内容が間違っていないか確認しましょう。

3 利用当日

ワンちゃんを連れてペットホテルへ。スタッフとの待ち合わせ場所でワンちゃんを預けます（家まで預かりにきてくれるサービスがあるところもあります）。注意事項や引き取り日などを確認します。

4 受け取り

あらかじめ打ち合わせしておいた場所でワンちゃんを受け取り、料金の精算をします。

wan! Point

宿泊日の朝には必ず、ワンちゃんの体調をチェックしましょう。いつもと違った様子が少しでもある場合はスタッフに伝えておき、常に確認してもらうようにしてください。

で預かってくれる施設から、1カ月単位で預かってくれる施設までさまざまです。そのほかにも、散歩や食事、トリミングなどのオプションサービスが付くホテルもあるので、選ぶ条件の参考にしてみてはいかがでしょうか。

事前にワンちゃんを短時間預けてみよう

預けると決まれば、最初にワンちゃんを預ける日程を決めましょう。ワンちゃんは少しでも早く飼い主さんと会いたいもの。なるべくロスがでないように計画を立てましょう。日程が決まったら預け先のペットホテルを決めます。1カ所だけでなく、事前に複数のペットホテルを見学しておくことで、ワンちゃんにぴったりのホテルを見つけることができます。お試しで短時間預けてみるのも一つの方法です。いくら飼い主さんが気にいっても、ワンちゃんが安心できなければ意味がありません。ここだと決まれば、予約をしましょう。預けるときにワンちゃんの性格や特徴、持病などを伝えておくと、急な事態にもスタッフが対応しやすくなります。宿泊の際には必ず予防接種証明書の提示が必要となります。まだ済んでいない場合は宿泊日の10日以上前までに病院へ。ほとんどのペットホテルではワンちゃんが普段使っている食器や毛布の持ち込みが許可されているので、安心させるためにも持参しましょう。受け取るときは愛犬を「よく頑張ったね」とほめてあげてください。

コツ61

ショッピングへ行こう！

最初は、抱っこよりも両手の空くキャリーバッグを使いましょう

ワンちゃんを連れてお店に入るときはワンちゃんが歩き回らないように、抱っこやキャリーバッグに入れるという基本のマナーを守りましょう。

お店に連れて行くときのマナー

**ワンちゃんは抱っこか
バッグに入れて**

ショッピングには抱っこよりも、両手が空くキャリーバッグが適しています。

**床に下ろすときは
店員さんに確認する**

勝手にワンちゃんを床に下ろすのはNG。試着の際はスタッフに許可をもらってから。

**粗相をしたら、
店員さんに謝罪して、
きちんと後始末を**

飼い主として当然のマナー。心配な場合はマナーベルトを着用しましょう。

お店ごとのルールとマナーをしっかり守ろう

トイ・プードルのかわいい洋服やグッズがたくさんあり、「ワンちゃんと一緒にショッピングに行きたい！」と思っている飼い主さんも多いはず。最近では、ペットショップや大型のホームセンターのほかにも、ワンちゃんグッズを販売するお店がどんどん増えてきました。しかし、ショップに行く際にも守らなければいけないマナーとルールがあります。ワンちゃんと楽しくお買い物するためにも、飼い主さんはしっかり守りましょう。

トイ・プードルのような小型犬は抱っこやキャリーバッグに入れて入店するのがマナーです。抱っこよりは両手が空く、キャリーバッグに入れて入店するのが一番良いでしょう。また、ワンちゃんをお店の中で自由に歩かせるのは基本的にNGです。ただし、顔なじみのお店の場合は、一度確認して、お店の人に許可をもらってからに

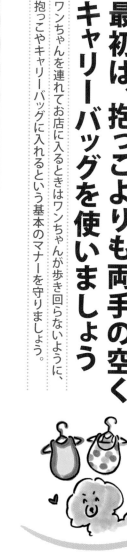

◆ショッピングを楽しむポイント

❶ワンちゃんにぴったりの服を探そう！

事前にワンちゃんのスリーサイズ（着丈、胴周り、首回り）を測っておいてぴったりの服を選びましょう。

❷店員さんとコミュニケーションを！

トイ・プードルに詳しい店員さんがいたら積極的に交流を。今話題の商品や選び方のコツを聞き出し、買い物の参考にしましょう。

❸いろいろな服を試着してみよう！

ワンちゃんに似合いそうな服を見つけたら、店員さんに確認を取って試着させましょう。デザインだけでなく、実際に歩かせてみてフィットしているかの確認も忘れずに。最初は脱ぎ着しやすい服を選ぶのが◎。

持っていくと便利なグッズ

- キャリーバッグ
- リード
- ワンちゃん用のおやつ
- トイレシーツ
- 水

しましょう。

試着したいときは店員さんに声をかけて

ぴったりのウエアを選ぶならやはり試着をするのが一番。例えば、飼い主さんが自分の洋服を選ぶときに、見た目と実際に着たときの印象や着心地が違うことがあるでしょう。ワンちゃんの洋服もそれと同じ。ショップでワンちゃんに試着をさせたいときは、必ず店員さんに声をかけましょう。洋服はサイズの表記がしてありますが、メーカーごとに寸法が少しずつ異なります。事前にワンちゃんのスリーサイズを測っておきましょう。試着が終わったら商品に抜け毛がついていないかなど確認も忘れずに行ってください。

災害時の備えと心構え

万が一の自然災害に備えて ワンちゃんの備蓄は7日分用意！

地震や台風、洪水など、自然災害はいつどこで起こるかわかりません。もしものときに愛犬を守るための心構えと備えを紹介します。

愛犬用の避難袋を用意 日ごろのしつけも大切

　大規模な自然災害が起こると、人だけでなくワンちゃんの防災や避難も問題になります。大きな災害の場合、自宅にとどまれない可能性もあります。同行避難の際も、近くの動物救護所で過ごすことになり、飼い主さんとは別の場所になります。また、同行避難できないときや飼い主さんが病気やケガの場合は、ほかの施設や友人・知人宅に預けることも考えられます。普段とは違う環境、いつも通りのことができない状況は、ワンちゃんにとって大きなストレス。避難所での一番の問題は「吠える声がうるさい」、「臭いがする」です。これもクレートやケージに入ることに慣れていれば大丈夫。どんな状況でも落ちついていられるよう、子犬のころから、クレートやケージに入る練習や社会性を身につけさせましょう。また、避難の際に愛犬とはぐれてしまう可能性も考えられます。対策としてマイクロチップを装着しましょう。首輪などはさまよっているうちに外れてしまう可能性もあります。そんな時もマイクロチップが装着されていれば、個体識別を迅速かつ確実に行え、すぐに飼い主さんと連絡が取れます。

　ペットとの同行避難については、地域によって異なるため、あらかじめ確認を。ペット用の備蓄があるところも今はまだ少ないため、事前にワンちゃん用の避難袋を用意するのも大切です。

もしものときに準備しておくもの

ペット用の救援物資が届くまで、最低でも3日から5日程度かかります。ワンちゃん用の避難袋には7日分の準備をしておきましょう。

- フード、水、食器
- トイレシーツ、処理袋
- 常備薬（服用している場合）
- クレート（頑丈なもの）
- 予備のリード、首輪
- その他（洋服や新聞紙など）

こんなときどうする？

お出かけの悩み Q&A

Q 車に乗せると、何度もアクビをするのですが…。

A ワンちゃんの車酔いにはいくつかの症状が現れます。アクビもその一つ。ほかには「よだれがたれる」「落ちつかずに車の中を行ったり来たりする」「呼吸が荒くなる」「吠える」などがあげられます。また、病院へ行くときに車を利用する場合は、「車に乗ったら、嫌なことがある」と覚えてしまい、上記の症状が出てしまうことも。ワンちゃんが車に酔いやすい体質ということもあります。まずは近所の公園や広場などワンちゃんが喜ぶ場所から連れて行き、徐々に慣らしていくことが大切です。

Q 飛行機での移動の場合、どのように運ばれますか？

A 現在、多くの航空会社ではワンちゃんは客席ではなく、貨物移動が基本です。国内線の場合はクレートに入れたまま、貨物室に入れられます。ワンちゃんには事前にクレートトレーニングを行い、慣らしておきましょう。しかし、近年ではワンちゃんを客室内に連れて搭乗できるチャーター便でのツアーも一部の航空会社で試験的に行われ、将来的には定期便での運航の可能性もあります。ただし、取り組みははじまったばかり。ワンちゃんの性格や体調などを考慮し、慎重に検討しましょう。

Q お散歩中に突然走り出してしまうのですが…。

A お散歩の時に突然、走り出したり、リードを引っ張り前に行きたがるワンちゃんがいます。そんなとき飼い主さんはリードを使ってワンちゃんの動きを制止しますよね。そのまま、グイグイとリードを引っ張りながら歩いてしまうのはNG。ワンちゃんが「この歩き方でもいいのかな？」と勘違いするからです。リードを引っ張ってしまうときは、一度歩くのをストップして、ワンちゃんが走るのを止めてから、また歩き出しましょう。

監修

高橋動物病院 会長

髙橋　徹(たかはし とおる)

麻布獣医科大学(現：麻布大学)獣医学科卒業。「飼い主が望む治療」を念頭に置き、日々の治療にあたる。現在は(公社)北海道獣医師会会長をはじめ、麻布大学評議員、日本獣医師会理事など数多くの役職を務める。メディアへの出演をはじめ、新聞へのコラム執筆など多岐に渡り活躍。

協力

金澤　縷美子(かなざわ るみこ)

ヤマザキ学園(現)卒業後、犬界の大御所であった福山英也氏に師事。ウェスティの繁殖、ドッグショーでの活躍を経て、専門学校の講師を務める。アロマによる「犬のプライマリ・ケア」を推奨。NPO法人JPHHAの立ち上げに参加。一般社団法人ジャパンケネルクラブ北海道ブロックトリマー委員会にて委員長を務める。

「Bpop」TEL/011-664-8611

牧　孝美(まき たかみ)

専門学校卒業後、東京のプードル専門犬舎へグルーマーとして入社。1995年より札幌市内の専門学校で講師を務め、数多くの卒業生が業界で活躍中。

鈴木　菜月(すずき なつき)

札幌市内の専門学校卒業後、訓練助手を経て、経専北海道どうぶつ専門学校にて講師を務める。現在、出張トレーニングを中心に活動中。

編　集

浅井精一・盛田真佐江

中村萌美・石見和絵

星野真知子・鹿島里美

文

中村萌美・魚住有

デザイン

赤坂史絵・大矢根玉恵

吉田みお・大原潤美・垣本亨

イラスト

石見和絵・松井美樹

写　真

亀谷光

Special Thanks

小池由美様、平松ゆみ子様、阿部様、川島昌子様、BPOPスタッフ様、他取材・撮影にご協力いただいた皆様

撮影協力

アポロ、アロア、アロマ、オレオ、カフェオレ、クッキー、ジジ、ジュリ、プッカ、ぷっちょ、ぽち、ボーロ、マイロ、メイプル、ゆず、ライム、ランチ、ルーク(以上あいうえお順)

株式会社 カルチャーランド

トイ・プードルの赤ちゃん　元気&幸せに育てる365日
かわいいパピーのお迎えからお世話・しつけまで

2021年6月25日　第1版・第1刷発行

監修者　髙橋　徹（たかはし　とおる）
発行者　株式会社メイツユニバーサルコンテンツ
　　　　代表者　三渡 治
　　　　〒102-0093 東京都千代田区平河町一丁目1-8
印　刷　株式会社厚徳社

◎『メイツ出版』は当社の商標です。

ご意見・ご感想はホームページから承っております
ウェブサイト　https://www.mates-publishing.co.jp/

編集長：折居かおる　副編集長：堀明研斗　企画担当：折居かおる／清岡香奈

※本書は2016年発行の『トイプードルの赤ちゃん　元気&幸せに育てる365日』の内容の確認と一部必要な修正を行い、書名と装丁を変更して再発行したものです。